Dr. Ali Ridha Mustafa Al-Yasiry

Imunidade

Dr. Ali Ridha Mustafa Al-Yasiry

Imunidade

ScienciaScripts

Cover image: www.ingimage.com

This book is a translation from the original published under ISBN 978-620-7-99759-6.

Publisher:
Sciencia Scripts
is a trademark of
Dodo Books Indian Ocean Ltd. and OmniScriptum S.R.L publishing group

120 High Road, East Finchley, London, N2 9ED, United Kingdom
Str. Armeneasca 28/1, office 1, Chisinau MD-2012, Republic of Moldova, Europe
Printed at: see last page
ISBN: 978-620-7-98928-7

OBRAS DE PUBLICAÇÃO PARA O AUTOR

- **A natureza é alimento e medicamento**
- **Ciência alimentar e plantas medicinais**
- **Saúde Vida sem doenças**
- **Imunidade e plantas medicinais**
- **As 27 melhores plantas medicinais para a saúde humana**
- **26Publicações na revista Renowend (h-index=11)**

Dedicação

Ao Profeta da Misericórdia e Mensageiro da Humanidade Muhammad (que as orações e a paz de Deus estejam sobre ele e a sua família), à alma do meu pai, à minha querida mãe, aos meus queridos irmãos e irmãs, à minha querida esposa e aos meus queridos filhos, Muhammad, Zahraa e Ridha, dedico-lhes este humilde esforço.

Índice

Introdução

O sistema imunitário, tal como a maioria dos sistemas do corpo, depende de uma nutrição adequada, e a subnutrição leva a uma deficiência imunitária adquirida, estando o excesso de alimentos associado a doenças como a diabetes e a obesidade, que se sabe afectarem a função imunitária. As deficiências de certos nutrientes e minerais também podem afetar a imunidade. Alguns alimentos, como frutas e legumes e alimentos ricos em ácidos gordos, podem aumentar a integridade do sistema imunitário, e acredita-se que algumas plantas e ervas medicinais estão intimamente relacionadas com o processo de estimulação do sistema imunitário, como o alcaçuz, o alho, o incenso, o anis e outras plantas medicinais. A informação incluída neste livro centrou-se na experiência académica adquirida, para além do que foi recolhido em várias fontes de revistas científicas de elevada qualidade, para além da consulta de muitas páginas da rede mundial relacionadas com o sistema imunitário.

Analisar o livro de acordo com o seu conteúdo definição do sistema imunitário, das suas partes, do seu mecanismo de ação e da regulação das suas secreções, com destaque para a sua composição química e o seu mecanismo de ação, de modo a obter informações precisas.

Por último, espero que este esforço científico alcance o benefício desejado pelos estudantes de ciências, professores, investigadores e especialistas neste domínio.

Capítulo 1: Sistema imunitário

Imunidade

A imunidade é a capacidade do organismo de resistir a determinadas substâncias nocivas, como bactérias e vírus, que causam doenças. O corpo defende-se contra as doenças e os organismos nocivos através de um sistema complexo, constituído por um grupo de células, moléculas e tecidos, denominado sistema imunitário, uma vez que este sistema fornece proteção contra uma variedade de substâncias nocivas que invadem o corpo.

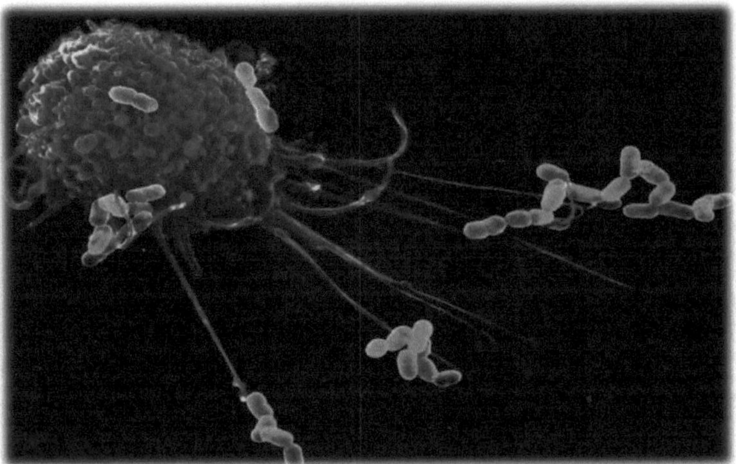

Figura 1. Processo de microfagia (célula imunitária) que tem como alvo a *E. colia*

Uma das caraterísticas básicas do sistema imunitário é a sua capacidade de destruir organismos invasores sem afetar o resto das células saudáveis do corpo. Mas, por vezes, o sistema imunitário ataca e destrói estas células, e esta resposta é designada por autoimune.

O sistema imunitário não consegue proteger o corpo de todas as doenças dependendo apenas de si próprio, mas por vezes precisa de alguma ajuda. Os médicos dão vacinas aos doentes para prevenir algumas infecções agudas e potencialmente fatais, uma vez que as vacinas e os soros aumentam a capacidade do organismo para se defender contra certos tipos de vírus ou bactérias.

O processo de administração de vacinas e soros com o objetivo de prevenção é designado por imunização ou imunização. O estudo científico do sistema imunitário é designado por imunologia e a história da imunologia remonta ao final do século XIX. Até essa data, os cientistas tinham pouca informação sobre o funcionamento do sistema imunitário. Atualmente, tem havido um grande progresso na informação disponível para os imunologistas, ou seja, médicos e cientistas que estudam o sistema imunitário, sobre o funcionamento deste sistema.

Existe um equilíbrio constante nos sistemas do corpo para proporcionar um ambiente interno comparável à vida. Os tecidos fluidos do corpo, o sangue e a linfa, têm funções separadas mas inter-relacionadas na manutenção deste equilíbrio, uma vez que se unem ao sistema imunitário como um terceiro sistema para proteger o corpo contra agentes patogénicos que possam ameaçar a sobrevivência do organismo.

Sangue

O sangue é responsável pelo transporte de gases (oxigénio O2), dióxido de carbono (CO2), substâncias químicas (hormonas, nutrientes e sais) e células que defendem o organismo e regulam o equilíbrio dos fluidos no organismo, o equilíbrio ácido-base, a temperatura corporal, protegem o organismo de infecções e protegem o organismo de perdas acidentais de sangue. Devido à ação da coagulação, o sangue é constituído por uma parte sólida denominada plasma.

As células sanguíneas constituem 45% do volume total do sangue e o plasma os restantes 55%. A parte sólida do sangue é constituída por três tipos diferentes de células:

1- Glóbulos vermelhos (RBCs)

2- Glóbulos brancos (ABC)

3- Plaquetas

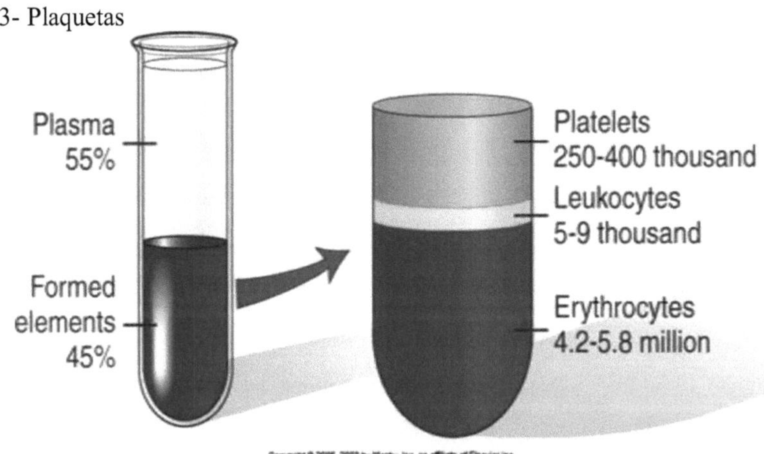

Figura 2. Plasma sanguíneo

Sistema linfocitário

Linfócitos responsáveis pela limpeza do ambiente celular, pelo retorno das proteínas e dos fluidos tecidulares ao sangue, pela via de absorção das gorduras e das vitaminas lipossolúveis na corrente sanguínea e pela defesa do organismo contra as doenças

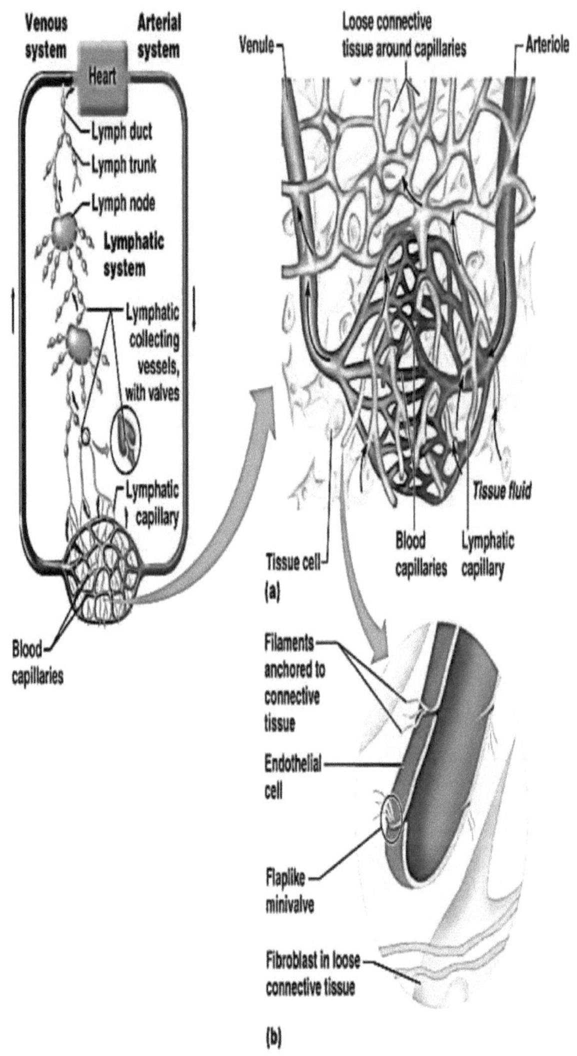

Figura 3. Sistema linfático

Tipos de sistema imunitário

1. Innate Immune System **2. Adaptive Immune System**

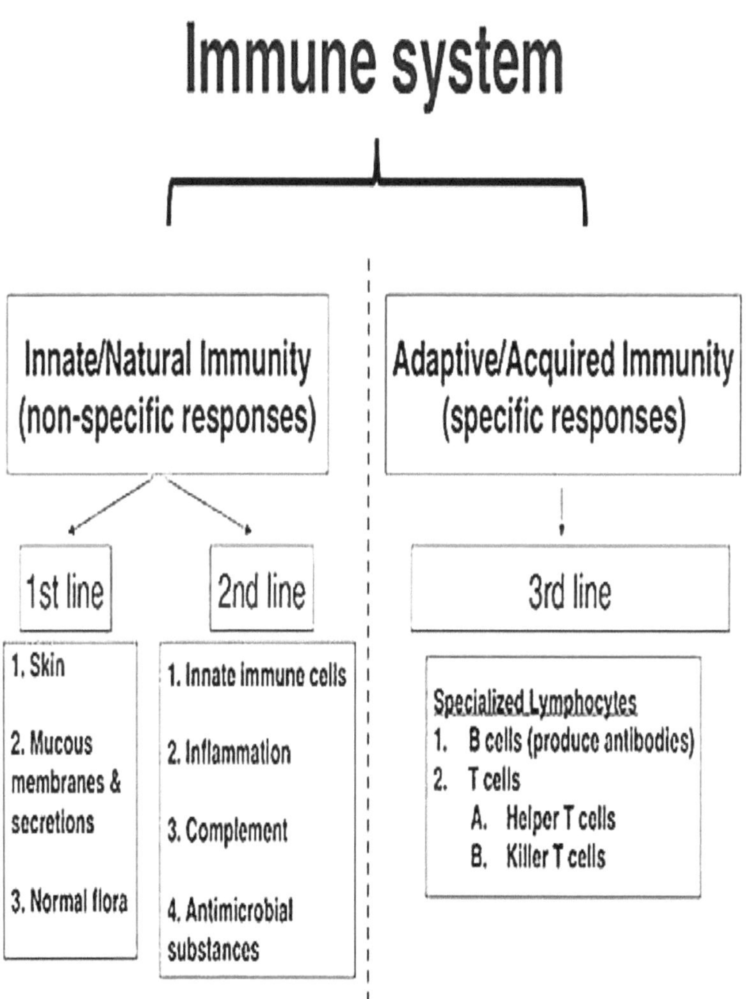

Figura 4. Tipos de sistema imunitário

Sistema imunitário inato

A imunidade inata representa a primeira linha de defesa do corpo contra organismos invasores que estão naturalmente presentes no corpo.

Sistema imunitário adaptativo

A imunidade adaptativa surge como uma segunda linha de defesa após a primeira linha, para além da tarefa de defesa contra os mesmos organismos invasores após a sua invasão do corpo pela segunda vez para os preservar na memória do sistema imunitário em células de memória linfocitária, onde existe em cada sistema imunitário, tanto nos seus tipos especializados como não especializados, imunidade humoral na sua forma líquida dissolvida ou na forma de células no sangue (componentes celulares e humorais) que transportam materiais imunitários contra organismos estranhos ao corpo, e existe coordenação entre estes dois sistemas para trabalhar de forma clara e coordenada contra corpos infecciosos estranhos ao corpo. O sistema imunitário não especializado (inato) está presente antes da infeção e está imediatamente pronto a atuar contra este corpo estranho e está presente em todas as partes do corpo. Não distingue entre um corpo estranho e outro e não tem qualquer especialização, enquanto a outra parte do sistema imunitário (adaptativo) começa a formar-se imediatamente ao entrar com o corpo estranho no organismo, depois de receber a mensagem de que existe um antigénio no corpo estranho, e depois de o diagnosticar e conhecer, começa a enviar o que é adequado a esse antigénio para o eliminar, ou seja, de forma especializada.ou seja, de forma especializada, mas estes processos demoram algum tempo durante dias até estarem prontos da primeira vez, mas quando a infeção se repete com a mesma causa e por tempos vindouros, será conhecida pelo sistema imunitário especializado por células imunitárias de memória (Células de memória) Portanto, demorará menos tempo do que da vez anterior para entrar em ação e eliminar os objectos estranhos. Note-se que as duas partes importantes do sistema imunitário trabalham de forma distinta para eliminar os organismos que invadem o corpo, que diferem em número e método. Como referimos, o sistema imunitário especializado (sistema imunitário adaptativo), necessita de tempo suficiente para interagir com os organismos invasores do corpo, enquanto o sistema imunitário não especializado (sistema imunitário inato ou não específico).

Está presente no corpo e tem a capacidade de atingir o seu objetivo rapidamente e num período de tempo muito curto. A outra coisa importante é que o sistema imunitário especializado é chamado por este nome porque se especializa num tipo específico de antigénio e lida apenas com os organismos que trabalham para o estimular, enquanto a propriedade de se especializar num antigénio específico não está disponível no sistema imunitário não especializado e interage com vários organismos estranhos que entram no corpo sem o distinguir. Finalmente, o sistema especializado tem uma memória imunológica para identificar os mesmos organismos que invadem o corpo em momentos futuros, e que o sistema imunitário não especializado não detecta. Todos os tipos de células do sistema imunitário têm a mesma origem na formação, uma vez que são geradas pela medula óssea (Medula óssea).

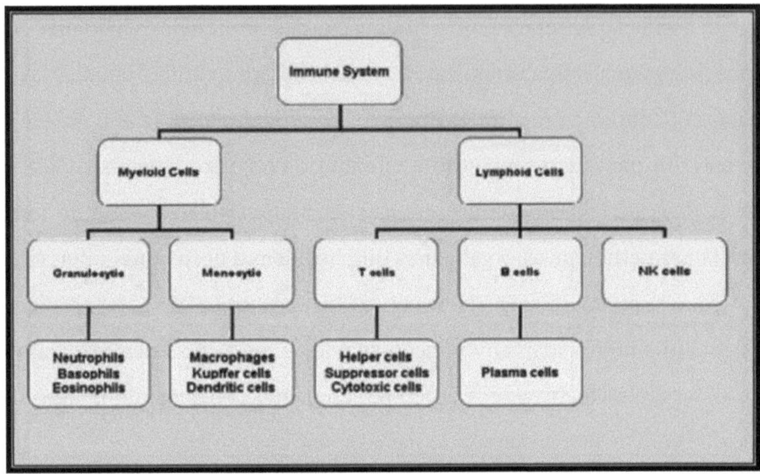

Figura 5. Sistema imunitário

As células estaminais geram dois tipos de células, que são as células mielóides, das quais se distinguem as células imunitárias: neutrófilos, basófilos, eosinófilos, para além de monócitos, macrófagos e células dendríticas.

Quanto à outra parte que a medula óssea gera, são as células linfóides, e os tipos destes linfócitos são (linfócito B, linfócito T e Natural Killer).

O primeiro tipo de **Progenitor Mieloide** na medula óssea produz glóbulos vermelhos (eritrócitos), plaquetas, neutrófilos e monócitos

O segundo tipo, o **Progenitor Linfoide**, gera células linfóides, e os tipos destes linfócitos são os linfócitos B, os linfócitos T e as células Natural Killer.

As células T saem da medula óssea e entram no timo, ou naquilo a que se chama a glândula timo, com o objetivo de a especializar, de acordo com a especialização do seu trabalho, em dois tipos, como se segue:

1- CD4 com linfócitos T helper.

2- CD8 com células de toxicidade de linfócitos T pré-especializados. (CD8 + célula T pré-citotóxica).

Dois tipos de células auxiliares (células T auxiliares) formam-se e saem do interior do timo (células TH1 e TH2). A ação das células TH1 consiste em ajudar as células T CD 8+ pré-citotóxicas a especializarem-se em células T citotóxicas. Quanto às células TH2, ajudam as células B a especializarem-se em plasmócitos, cuja função é segregar corpos imunitários.

(CD8+pre-cytotoxic T cells) +TH1 ⟹ Cytotoxic Tcells

TH2cells+B cells ⟹ Plasma cells ⟹ Secrete antibodies

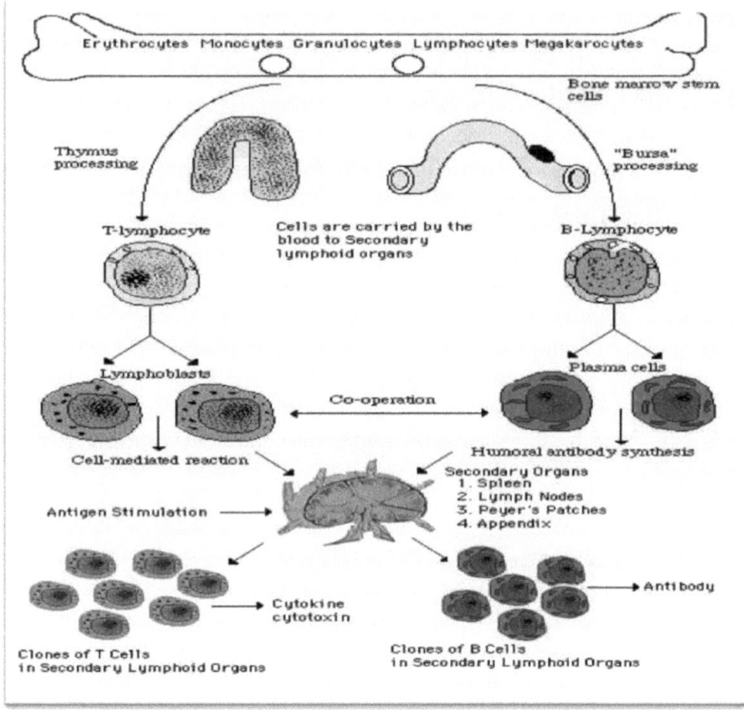

Figura 6. Origem das células do sistema imunitário provenientes da medula óssea

O mais importante que o sistema imunitário especializa é distinguir as células e os órgãos do corpo dos corpos estranhos que entram no corpo (discriminação self/non-self) com o objetivo de proteger o corpo de infecções externas e destruí-las, como é o caso, por exemplo, das células cancerígenas (células malignas). Da mesma forma, os órgãos do corpo devem ser tratados como parte do corpo e não gerar imunidade contra eles.

O sistema imunitário tem a vantagem de fazer um exame contínuo, como um scanner, de todas as células do corpo para descobrir qualquer alteração ou desenvolvimento que ocorra nas células do corpo, e com o objetivo de livrar o corpo de quaisquer organismos que causem doenças ou destruam as células do corpo ou para se livrar de qualquer alteração que ocorra nas células normais do corpo, como acontece com o cancro, e tem A capacidade de detetar qualquer alteração nas células do corpo, onde é o dever do sistema imunitário e trata o que pode para limitar a transformação de células normais em células cancerosas e impedir que estas se espalhem dentro do corpo. Quando a multiplicação de algumas bactérias ou vírus, bem como de parasitas, ocorre dentro das células do corpo ou fora das células do corpo, como é o caso da maioria das bactérias, parasitas e fungos, o sistema imunitário, quando se encontra num estado saudável e normal, é eficaz e desenvolvido, e adapta-se à situação de lesão do corpo ou de doença devido à entrada de quaisquer organismos patogénicos, podendo ser O organismo intruso não é patogénico e não causa doença. Supõe-se que o trabalho do sistema imunitário, a partir da (imunidade inata), consiste em eliminar os organismos que invadem o corpo antes de aparecerem os sintomas da doença, para que o sistema imunitário possa derrotá-la, mas quando invadem o corpo um grande número de microrganismos patogénicos pode exceder

A capacidade do sistema imunitário para os processar ou há stress e perdas para os meios do sistema imunitário (Exaustão) como resultado da ferocidade dos microorganismos atacantes e da destruição das células do corpo e das células imunitárias. O dano inclui também as partes naturais do corpo que circundam o evento, como resultado da secreção de toxinas pelo sistema imunitário como reação contra o vírus, substâncias invasoras do corpo, bem como toxinas segregadas pelos micróbios, para além da ocorrência de uma resposta imunitária por vezes contra os tecidos do corpo, como acontece nas doenças auto-imunes, como no caso da febre reumática.

Componentes do sistema imunitário

O sistema imunitário é composto por muitas partes que trabalham em conjunto para defender o corpo contra doenças que resultam da invasão de agentes patogénicos ou toxinas no corpo humano. Os agentes patogénicos são organismos causadores de doenças, como as bactérias e os vírus. O sistema imunitário responde a substâncias estranhas através de uma série de passos designados por resposta imunitária. As substâncias que estimulam uma resposta imunitária são chamadas antigénios. Muitos tipos de células estão envolvidos na resposta imunitária contra os antigénios, incluindo os linfócitos e as células que se preparam para os antigénios.

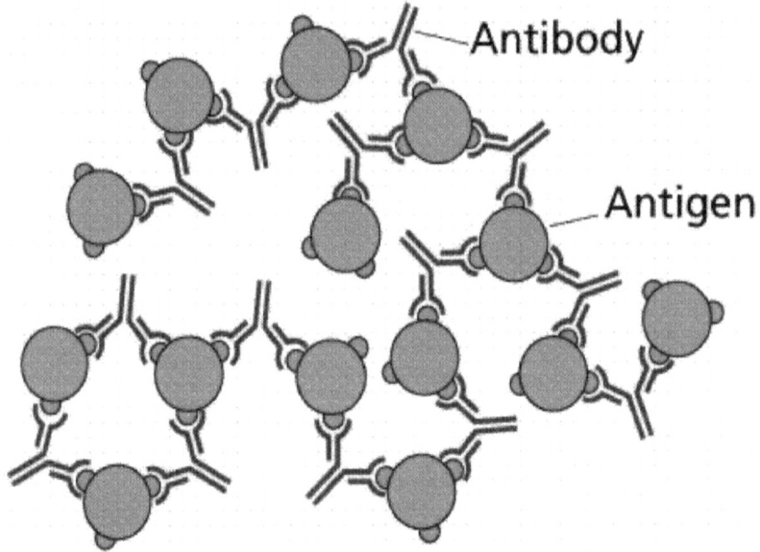

Figura 7. Ligação do anticorpo ao antigénio

Linfócito

São tipos especiais de glóbulos brancos. Como outros glóbulos brancos,

os linfócitos são produzidos na medula óssea, o tecido formador de sangue no centro de muitos ossos. Alguns linfócitos amadurecem na medula óssea e tornam-se linfócitos B, também chamados de células B. Algumas destas células desenvolvem-se em plasmócitos, cuja função é produzir anticorpos, que são proteínas que atacam os antigénios e são transportadas através do sangue, dos ouvidos e das secreções do nariz e dos intestinos.

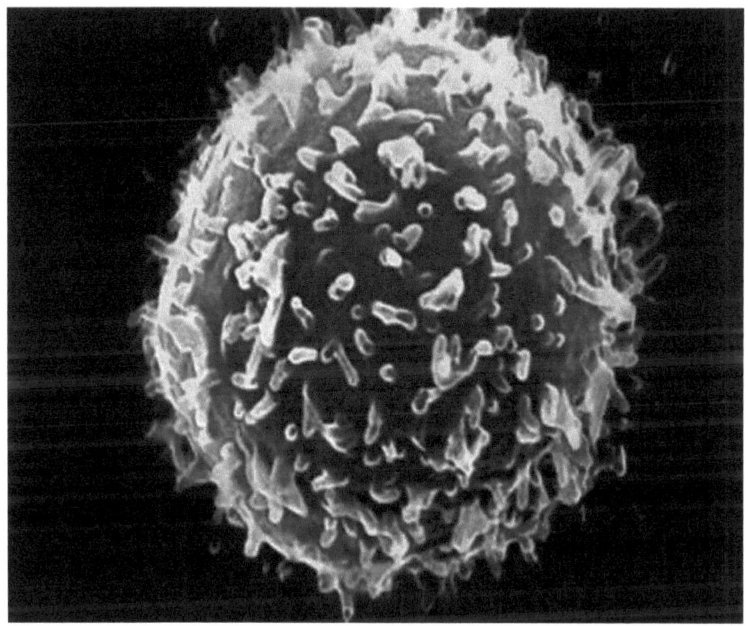

Figura 8. Linfócito

Outros linfócitos não amadurecem na medula óssea e, em vez disso, viajam através da corrente sanguínea até ao timo (esfíncter), um órgão na parte superior do tórax. No timo, os linfócitos imaturos desenvolvem-se em linfócitos T, também designados por células T. Um grande número de linfócitos é armazenado em tecidos denominados órgãos linfóides primários e órgãos linfóides secundários. Os órgãos linfóides primários são a medula óssea e o timo, os locais onde os linfócitos crescem. Os membros incluem os gânglios linfóides secundários, o baço e as amígdalas. Os gânglios linfáticos são pequenos órgãos de forma granular que se concentram em determinadas zonas, como o pescoço e as axilas, e filtram partículas nocivas e bactérias provenientes de vasos chamados sistema linfático. À medida que o corpo combate as infecções, os gânglios linfáticos incham e tornam-se dolorosos.

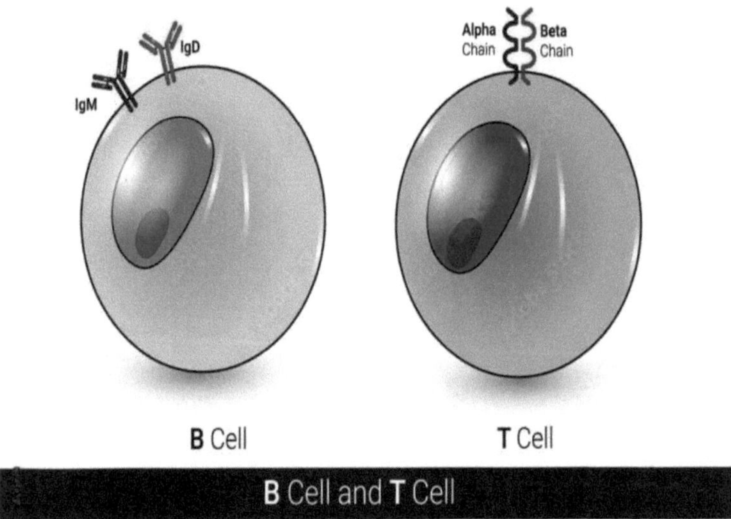

Figura 9. Linfócitos de células B & T

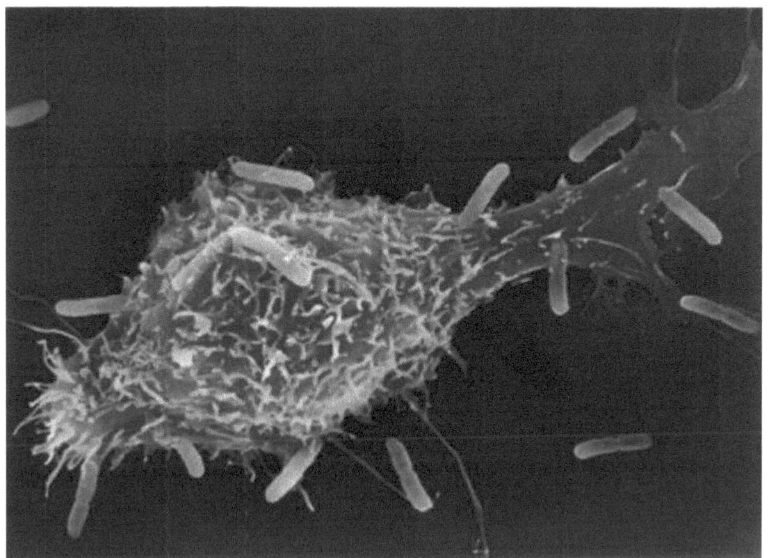

Figura 10. Linfócito que ataca *a E-coli*

Anticorpos

O anticorpo, ou imunoglobulina, é uma proteína em forma de Y que se encontra no sangue e noutros fluidos corporais dos vertebrados. É utilizada pelo sistema imunitário para identificar e neutralizar objectos estranhos, como bactérias e vírus.

Os anticorpos são classificados dentro do "sistema imunitário humoral", que estão presentes livremente na corrente sanguínea, ou seja, aquela que contém os quatro humores: sangue, fleuma, bílis e bílis negra. Os anticorpos presentes no sangue são produzidos por células B replicadas que transportam um antigénio na sua superfície que só é capaz de reconhecer um material específico, tal como um pedaço específico de proteína encontrado no envelope de um vírus.

Os anticorpos contribuem para a imunidade de várias formas: impedindo os germes de entrarem nas células ou inibindo a sua atividade ao ligarem-se a elas; ou estimulam o processo de remoção de uma bactéria específica, estimulando os macrófagos e outras células que englobam a bactéria. Também pode iniciar o processo de destruição do germe diretamente, estimulando outros sentidos imunitários, como o sistema do complemento, ou ligando-se a receptores de anticorpos na superfície de algumas células imunitárias, como os mastócitos, que segregam substâncias com uma propriedade imunitária que estimulam outras células imunitárias ou envenenam o germe.

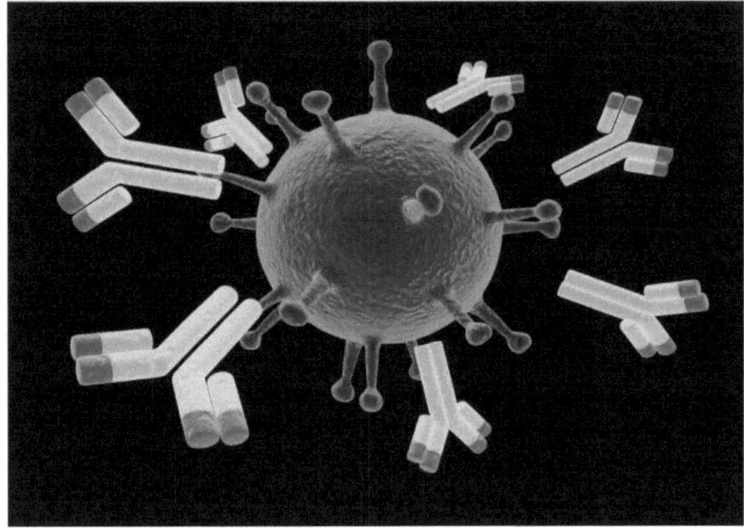

Figura 11. Anticorpos atacam a antigina

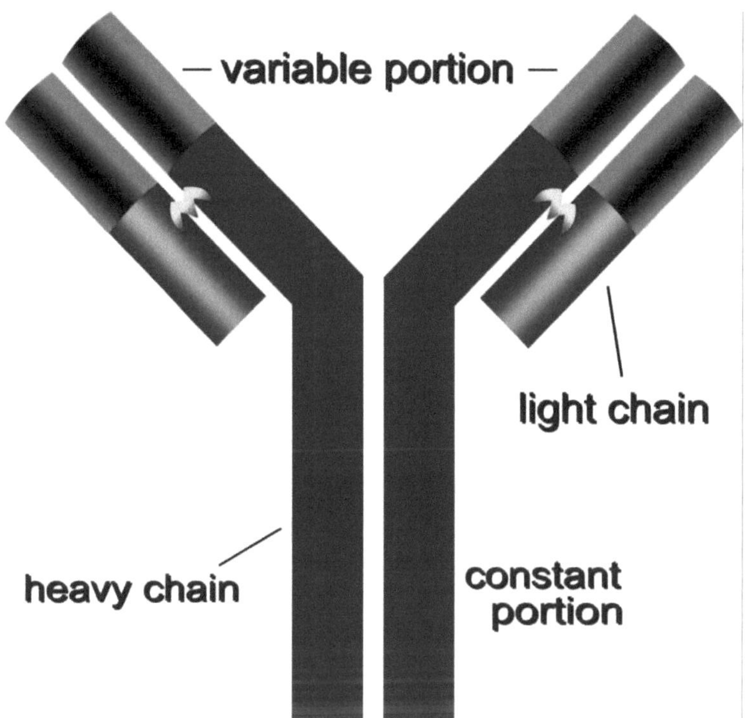

Figura 12. O anticorpo é constituído por quatro cadeias peptídicas: duas cadeias pesadas e duas cadeias leves. A região variável distintiva permite que o anticorpo reconheça o seu antigénio equivalente.

As antipartículas, tal como as outras proteínas, são constituídas por subunidades chamadas aminoácidos. Existem 20 tipos destes ácidos que podem ser ligados entre si através de várias ligações para formar uma cadeia proteica maior. Os aminoácidos que compõem a cadeia e a sequência em que esses aminoácidos estão dispostos ao longo da cadeia determinam como a cadeia é envolvida numa forma tridimensional e pode ser ligada a outras cadeias. As imunoglobulinas são moléculas de anticorpos que têm uma aparência estrutural que reflecte a sua função. A molécula de anticorpo é constituída por dois tipos de cadeias proteicas próximas umas das outras, uma das quais é descrita como leve e a outra como pesada. A cadeia pesada é constituída por 446 aminoácidos, enquanto cada cadeia leve é constituída por 214 aminoácidos. Estas cadeias proteicas estão ligadas entre si por ligações duplas de sulfureto. A presença de heterogeneidade e estabilidade na molécula de proteína é de grande importância funcional. De facto, a molécula de anticorpo é duplamente funcional. Cada cadeia contém uma região variável que transporta a extremidade amino positiva da cadeia peptídica. Esta região constitui cerca de metade da cadeia ligeira e um quarto da cadeia pesada, e outra região constante que transporta a extremidade carboxilo negativa. .

As regiões heterogéneas das cadeias são as que se dobram no espaço para formar o local de ligação do organismo ao antigénio, que é o local que se liga a um antigénio específico e direciona o anticorpo para ele. A alteração da sequência de aminoácidos na região heterogénea altera a composição química dos locais de ligação e, por conseguinte, a eficiência da interação do anticorpo com qualquer antigénio, tal como a alteração de

Uma saliência na parte serrilhada de uma chave que faz com que a chave encaixe noutra fechadura. Quanto à zona fixa das cadeias anti-luz, é como a cabeça de uma chave, que é idêntica de uma chave para outra para uma marca e um tipo específicos e desempenha uma função comum a todas as chaves.

As regiões constantes das cadeias pesadas determinam a eficácia funcional do anticorpo e a forma como este desempenha a sua função imunitária no organismo. Por exemplo, quando se olha para um anticorpo cuja região heteróloga é especializada para um antigénio encontrado em grãos de pólen, o anticorpo que esta região formará é IgD, que permanecerá ligado à superfície da célula que o produz, se a cadeia A região pesada é do tipo delta, e se a região pesada é kamma, se a região pesada for do tipo delta, e se a região pesada for kamma, o anticorpo resultante será IgG e espera-se que circule no sangue, e se a região pesada for épsilon, o anticorpo é IgE e pode ligar-se à superfície de uma determinada célula que segrega histamina, que provoca os sintomas da febre dos fenos ou da asma, e então o anticorpo intervém para interagir com um pólen antigénico. Todos os anticorpos são especificamente específicos do mesmo antigénio, nomeadamente do antigénio do pólen. Além disso, as mesmas funções encontram-se nos anticorpos dirigidos contra outros antigénios, pelo que a função eficaz do anticorpo não depende da região heteróloga.

Tipos de imunoglobulinas[i]

Os cinco principais tipos de imunoglobulinas são IgD, IgE, IgM, IgA e IgG. Estes tipos distinguem-se pelo tipo de cadeia pesada presente na molécula. As moléculas de IgG têm cadeias pesadas conhecidas como cadeias gama; as IgM têm cadeias Mo. As IgAs têm cadeias alfa. As IgEs têm cadeias épsilon. As IgD têm cadeias delta.

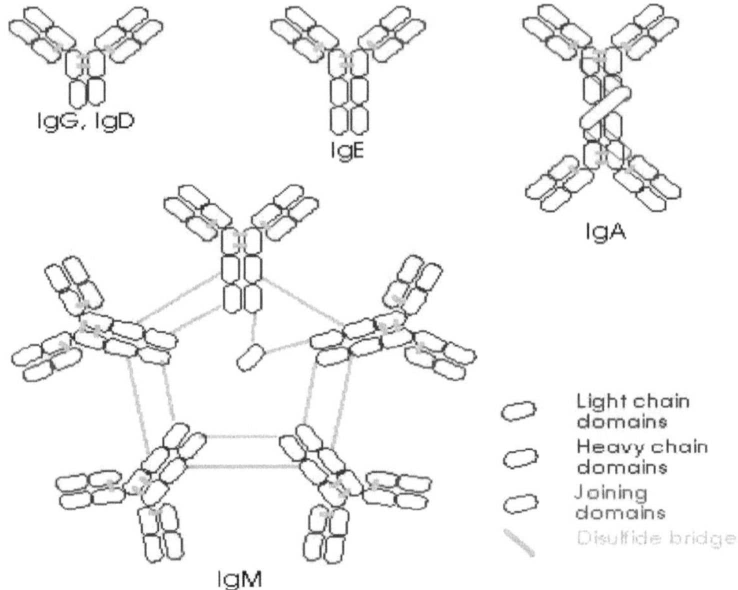

Figura 13. Tipos de imunoglobulinas

Imunoglobulina IgA

É um anticorpo com um peso molecular de (320.000), tipo de cadeia H (mu): alfa (55.000), concentração no soro sanguíneo (1 a 4 mg/ml), percentagem de IgA total 15%. Encontra-se em zonas do corpo como o nariz, as vias respiratórias, o sistema digestivo, os ouvidos, os olhos e a vagina, bem como na saliva, nas lágrimas e no sangue. A IgA protege as membranas mucosas expostas a substâncias estranhas externas.

Imunoglobulina IgG

É um anticorpo com um peso molecular de (150.000), cadeia H do tipo (mu), gama (53.000) e uma concentração no soro sanguíneo (10 a 16 mg/ml). Esta imunoglobulina é produzida como parte da resposta imunitária secundária a um antigénio e constitui 75% do total de anticorpos. Encontra-se em todos os fluidos corporais. Os anticorpos IgG são muito importantes no combate a infecções bacterianas e virais. Os anticorpos IgG são o único tipo de anticorpos que podem atravessar a placenta numa mulher grávida e são em grande parte responsáveis pela proteção do recém-nascido durante os primeiros meses de vida. Devido à sua relativa abundância e excelente especificidade antigénica, é um dos principais anticorpos utilizados na investigação imunológica e no diagnóstico clínico.

Imunoglobulina IgM

É um anticorpo com um peso molecular de (900.000) cadeia H do tipo (56.000) e uma concentração no soro sanguíneo (0,5 a 2 mg/ml). Encontra-se no interior dos vasos sanguíneos e constitui 10% do total de anticorpos. É um dos maiores Anticorpos, que se encontram no sangue e no líquido linfático, são o primeiro tipo de anticorpos produzidos numa resposta inicial à infeção. Também estimula outras células do sistema imunitário a destruir substâncias invasoras.

Imunoglobulina IgE, IgD

Estes anticorpos são encontrados em quantidades muito mais pequenas do que outros anticorpos. A IgE tem um peso molecular de (200.000), cadeia H do tipo (mu), épsilon (73.000), concentração no soro sanguíneo (10 a 400 ng/ml) e encontra-se nos pulmões, pele e membranas mucosas. Constitui 002% do total de anticorpos.

A IgE defende-se principalmente contra a invasão parasitária e é responsável pela alergia. A IgE de membrana é um recetor de antigénio que se encontra principalmente nos linfócitos B maduros. IgD, peso molecular (180.000), tipo de cadeia H (mu), delta (70.000), concentração no soro sanguíneo (0 a 0,4 mg/ml), encontra-se em pequenas quantidades nos tecidos da linha abdominal ou torácica, na superfície dos linfáticos e constitui 0,2% do corpo total. A sua função é desconhecida.

Antigénio

Um antigénio é uma substância que estimula uma resposta imunitária. Pode ser uma bactéria ou um vírus que tenha entrado no corpo; o corpo começa a gerar antipartículas e substâncias especiais para o eliminar, a fim de proteger o corpo. O corpo humano e animal está equipado com um sistema imunitário que o protege da invasão de micróbios e vírus que podem levar à sua morte. Estes vírus, germes e talvez outras substâncias que ameaçam o corpo são chamados "antigénios" ou "antigénios" e podem levar à produção de anticorpos no sistema imunitário do corpo. As partículas produzidas pelo corpo para resistir a um micróbio ou vírus intruso são chamadas anticorpos em árabe. As partículas produzidas pelo organismo para combater e eliminar um antigénio (um vírus, por exemplo) estão separadas em pormenor; quase todos os tipos de vírus ou micróbios contra os quais o sistema imunitário forma um tipo especial de anticorpo (anticorpo) adequado para os eliminar. Se o organismo não for capaz de produzir anticorpos, o vírus ou micróbio invade o corpo e multiplica-se nele até matar o doente. Em muitos casos, o médico pode dar ao doente um medicamento que ajuda o seu sistema imunitário a desempenhar a sua função e salva a vida do doente.

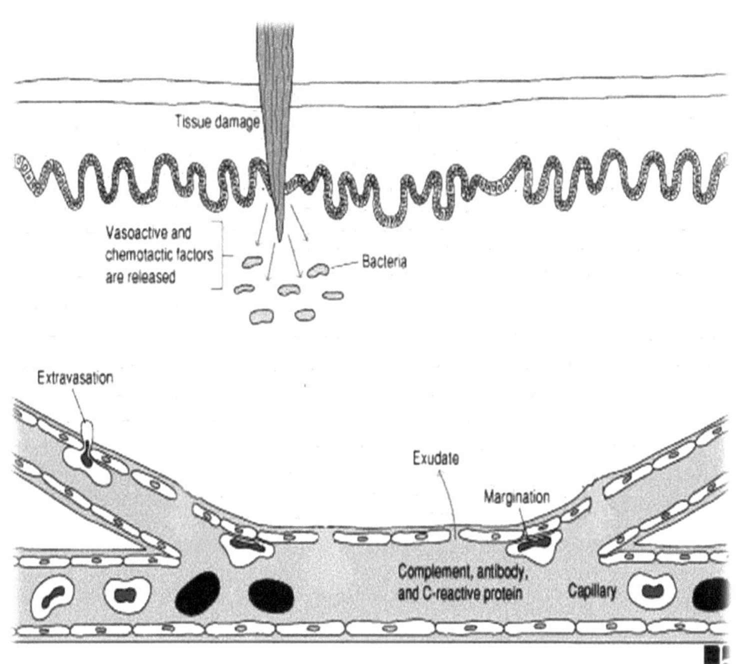

A imagem 14. mostra a penetração do antigénio (bactéria) na mucosa intestinal uhaweb.hartford.edu/BUGL/immune.htm

Células predispostas a antigénios

Estas células envolvem materiais estranhos e digerem-nos num processo denominado fagocitose. Neste processo, as células preparadoras de antigénios engolem materiais estranhos e partem-nos em pequenos pedaços, preparando depois estes fragmentos que contêm os fragmentos de antigénios para as células T vizinhas, movendo estes fragmentos para as suas superfícies superiores para ficarem acessíveis às células T. Em alguns casos, isto estimula a resposta imunitária.

As células mais importantes que preparam os antigénios são os linfócitos B, as células dendríticas e os macrófagos. As células dendríticas estão concentradas no tecido linfoide, mas também se encontram em todo o corpo e contêm projecções longas e em forma de braço. Os macrófagos encontram-se em todas as partes do corpo

Outros leucócitos

Outros glóbulos brancos importantes no combate às infecções incluem os eosinófilos, os monócitos e os neutrófilos. Estas células, tal como as células preparadoras de antigénios, são macrófagos, o que significa que podem fagocitar (engolir e digerir) agentes patogénicos. Os neutrófilos são importantes para matar parasitas e estão ligados a reacções alérgicas. Embora o sistema imunitário seja responsável pela defesa do organismo contra as doenças através da resposta imunitária

Resposta imunitária

Existem duas formas de resposta imunitária

1- Resposta imunitária humoral

2- Resposta imunitária mediada por células.

As duas formas diferem nas partes do sistema imunitário envolvidas na resposta imunitária. Muitos antigénios estimulam ambas as formas de resposta imunitária.

Resposta imunitária humoral

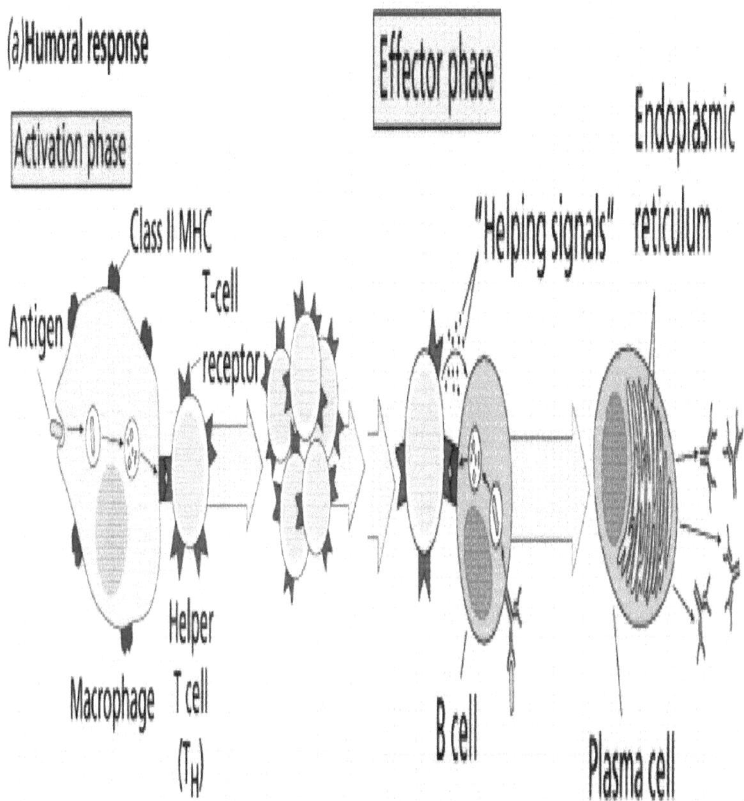

Figura 15. Resposta imunitária humoral

Este tipo de resposta é por vezes chamado de resposta imunitária de anticorpos, porque os anticorpos são utilizados na resposta imunitária. Humoral refere-se a fluidos corporais que transportam anticorpos. Os anticorpos são moléculas proteicas produzidas pelos linfócitos B e pelas células plasmáticas, sendo por vezes designados por imunoglobulinas. Protege o corpo contra infecções e toxinas (toxinas) segregadas por alguns tipos de bactérias. O primeiro passo na resposta humoral é o reconhecimento pelos linfócitos B de um antigénio específico. Cada linfócito B é altamente específico, ou seja, responde apenas a um antigénio específico. Quando o linfócito B reconhece o seu próprio antigénio, liga-se a ele e depois divide-se em várias células semelhantes, que se transformam em plasmócitos ou em linfócitos B de memória. Os plasmócitos produzem uma grande quantidade de anticorpos que circulam pelos vasos linfáticos e pela corrente sanguínea para combater as infecções. Os linfócitos B de memória permitem que o sistema imunitário responda rapidamente se o organismo for mais tarde infetado com o mesmo antigénio. E armazenam estes linfócitos nos membros linfáticos até serem necessários. E anticorpos para combater a infeção de várias formas. Alguns anticorpos, por exemplo, revestem os antigénios para que os macrófagos e os neutrófilos os possam fagocitar facilmente. Os anticorpos também neutralizam as toxinas segregadas pelas bactérias

Alguns tipos de anticorpos defendem o corpo contra infecções activando um grupo de proteínas chamado complemento, que se encontra na parte clara do sangue, chamada soro. Quando o complemento é ativado, é capaz de ajudar em reacções que matam bactérias, vírus ou células. Por exemplo, o complemento ajuda no processo de fagocitose. As bactérias podem ser fagocitadas com mais eficácia quando são revestidas com anticorpo e complemento, em vez de apenas com o anticorpo ou complemento. As proteínas do complemento também podem atrair glóbulos brancos que combatem a doença para a área da infeção. Os anticorpos, tal como os linfócitos B, são altamente específicos, ou seja, cada um funciona eficazmente contra um antigénio específico. Os efeitos dos antibióticos no organismo são diferentes. Em alguns casos, o organismo produz anticorpos suficientes para evitar o aparecimento de sintomas quando os antigénios estranhos entram no corpo. Noutros casos, o organismo não produz anticorpos suficientes para prevenir os sintomas, mas os anticorpos ajudam a curar o doente. O sistema imunitário varia de uma pessoa para outra, dependendo, em grande medida, da genética. E, como resultado disso, a resposta de cada pessoa é diferente contra os antigénios. Por exemplo, o sistema imunitário da maioria das pessoas não é afetado pelo pólen, mas as pessoas com um tipo de alergia chamado febre dos fenos são afectadas por ele, uma vez que estes pólenes, enquanto antigénios, estimulam a resposta imunitária.

Tipos de imunidade humoral

Sistema de complemento

O sistema do complemento é considerado o maior sistema imunitário (humoral) devido ao seu mecanismo não especializado e ao facto de o processo de ativação do complemento ajudar a aumentar a exsudação dos vasos sanguíneos nos tecidos adjacentes infectados com germes, pelo que é realizado por exsudação para as células fagocíticas para que estas cheguem ao alvo e sejam capazes de as analisar e devorar após as fases de opsonização. Na qual as bactérias são preparadas com o objetivo de serem comidas pelas células fagocíticas para livrar o corpo das mesmas.

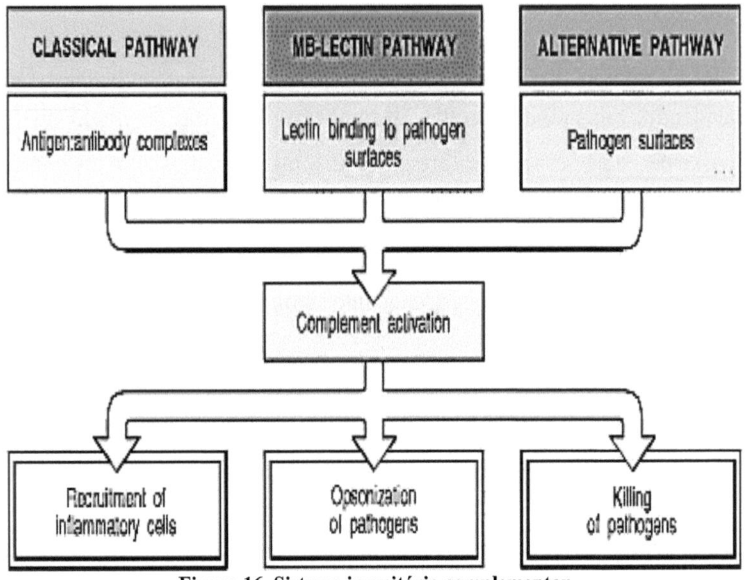

Figura 16. Sistema imunitário complementar

Sistema de coagulação

A mecânica deste dispositivo para ajudar a coagulação do sangue depende da gravidade da hemorragia das feridas. Este dispositivo pode ser ativo e eficaz e, por vezes, ineficaz. Alguns produtos do dispositivo de coagulação podem ser utilizados para a defesa de forma não especializada devido à capacidade deste dispositivo de aumentar a perfusão dos vasos sanguíneos, que actuam como substâncias quimiotácticas que, sob ele, dirigem o caminho das células fagocíticas (como os neutrófilos e os macrófagos). Para além disso, existem substâncias neste sistema que são por si só consideradas antibacterianas, como a Beta-lisina, e a proteína produzida pelas plaquetas sanguíneas durante o processo de paragem da hemorragia. A coagulação pode decompor um grande número de bactérias positivas através de um detergente catiónico.

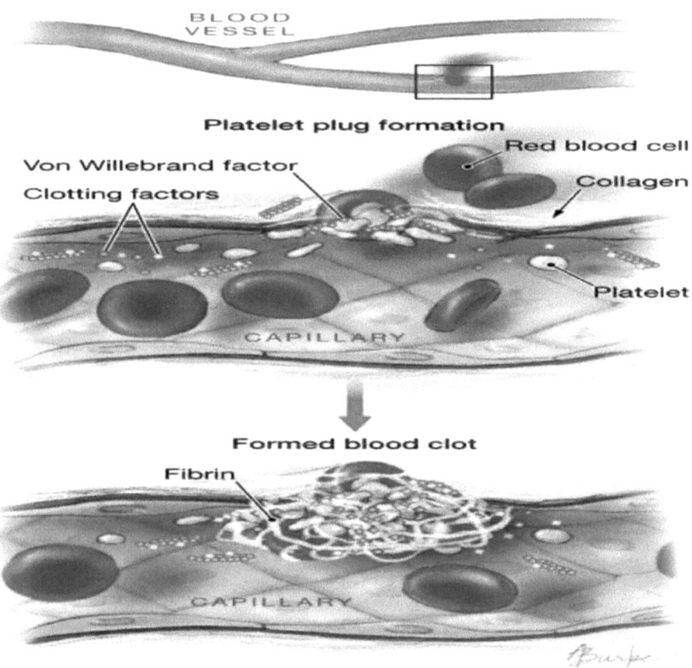

Figura 17. Sistema de coagulação

Capítulo 2: Lactoferrina e transferrina

A lactoferrina e a transferrina ligam-se ao ferro, que é um elemento importante para as bactérias, e quando estas são privadas de o explorar, o seu crescimento é afetado.

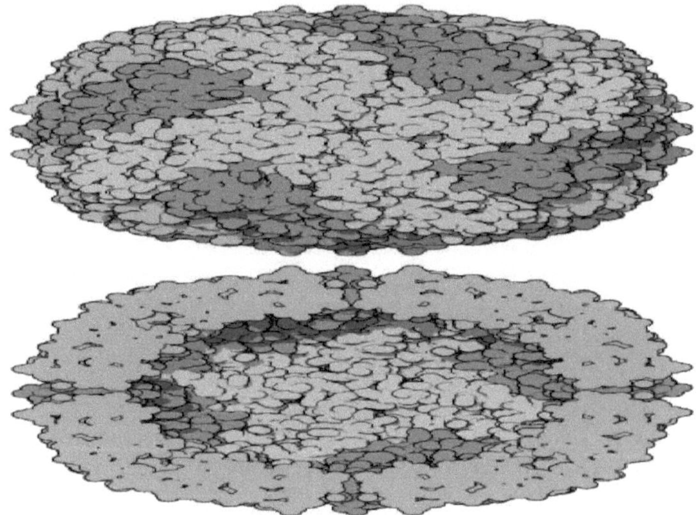

Figura 18. Lactoferrina e transferrina

Interferões

O interferão é uma proteína que ajuda a travar a multiplicação dos vírus no interior das células do organismo.

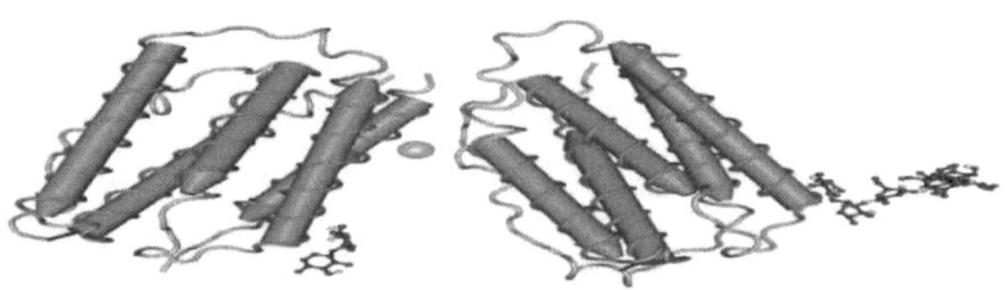

Figura 19. Interferão (Interferão-Beta)

Lisozima

Estas são enzimas proteicas que ajudam a quebrar a parede celular bacteriana.

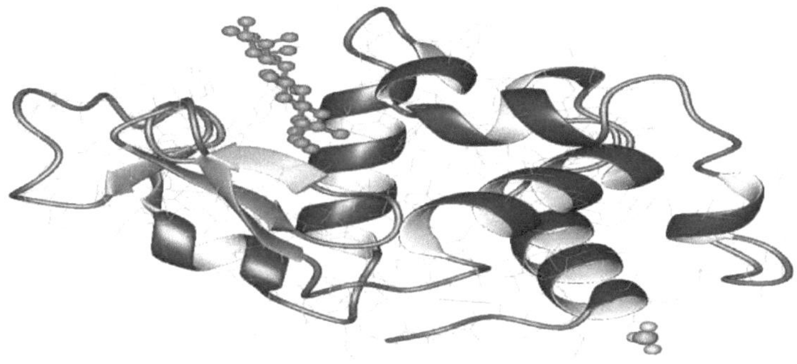

Figura 20. Lisozima

Interleucina-1 (Il-1)

A interleucina é uma estrutura proteica que tem a propriedade de estimular o calor no corpo, e parte dela tem um papel no processo de preparação de bactérias através do processo de opsonização com o objetivo de as preparar para o processo de fagocitose por células especiais do sistema imunitário, e tem um papel na produção do estado proteico agudo.

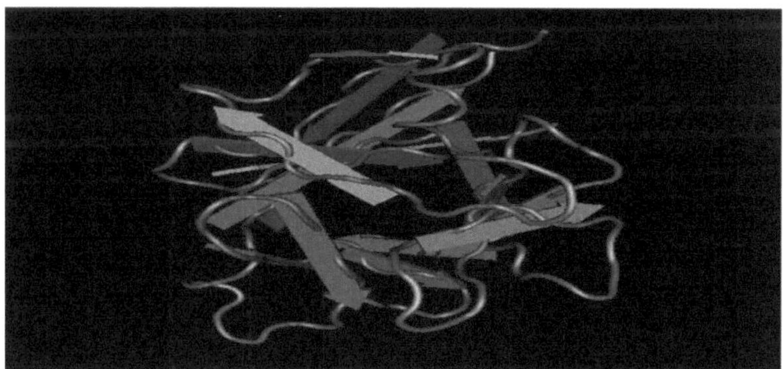

Figura 21. Interleucina (Il-1)

Barreiras de imunidade

A. Barreiras contra a infeção e a poluição

1. Factores mecânicos

As células epiteliais são consideradas uma das linhas físicas de defesa e são muito importantes para todos os tipos de infecções. A pele é considerada a primeira linha física de defesa do corpo contra o ataque de organismos vivos, e um dos métodos de defesa do corpo é a descamação de algumas células epiteliais da pele, o que ajuda a remover bactérias e outras contaminações que aderiram às células epiteliais superficiais. Além disso, o movimento involuntário contínuo dos cílios ajuda a expulsar os micróbios do trato respiratório e do trato digestivo.

Outro fator que ajuda e é considerado parte da imunidade do organismo são as lágrimas dos olhos, a saliva da boca e as secreções uterinas. A secreção de muco também desempenha um papel importante na proteção do trato respiratório e digestivo contra a contaminação bacteriana infecciosa.

2. Factores químicos

Os ácidos gordos presentes nas secreções sudoríparas desempenham um papel importante na inibição do crescimento bacteriano, devido à presença das enzimas fosfolipase e lisozima na saliva, nas lágrimas e nas secreções nasais, que têm a capacidade de destruir a parede bacteriana, tornando-a instável.

A acidez também desempenha um papel importante na prevenção do crescimento bacteriano. Quanto mais baixo for o pH (ou seja, quanto maior for a acidez), como no suor e nas secreções digestivas, mais forte será o efeito sobre as bactérias.

Além disso, o pequeno peso molecular das proteínas demonstrou ter um papel estimulante na defesa contra as bactérias e na determinação da sua atividade, como no pulmão e no sistema digestivo, bem como a presença de solventes (surfactantes) no pulmão que ajudam no processo de opsoninas, que faz parte das fases de preparação para efeitos do processo de fagocitose de corpos estranhos que entram no corpo onde se encontram. Um papel na ativação do processo de fagocitose de corpos estranhos pelas células fagocíticas.

3. Factores biológicos

Existem microorganismos naturais e benéficos chamados microflora que vivem pacificamente na pele e no sistema digestivo. Têm a capacidade de segregar substâncias tóxicas, competir com as bactérias nocivas e patogénicas pelo alimento ou competir com elas para se fixarem em qualquer célula do corpo. Desta forma, impedem que as bactérias nocivas formem colónias e se multipliquem.

B. **Barreiras humorais à infeção**

As linhas de defesa naturais mencionadas anteriormente têm limites na sua capacidade de defender o corpo contra os organismos que o invadem, especialmente se a quantidade de organismos patogénicos for grande e altamente virulenta. É possível criar lacunas nestas barreiras e depois lacunas nos próprios tecidos. Então, estas linhas defensivas são incapazes de exercer a sua ação defensiva e a infeção propaga-se. No organismo, assim que os microrganismos patogénicos entram pela primeira vez nos tecidos, entram em ação outras linhas de imunidade natural não especializada (Inata), com um mecanismo diferente do anterior, denominado mecanismo de inflamação aguda, onde entram em ação os factores imunitários humorais (Fatores Humorais) presentes no soro sanguíneo, cuja presença no soro sanguíneo aumenta. A zona inflamada, que tem um papel preponderante na irrigação sanguínea e na ação do edema na zona infiltrada, em consequência da filtração dos fluidos para os tecidos circundantes, transportando consigo células fagocíticas, que fazem a sua parte para se livrarem dos organismos que se infiltram na zona inflamada.

C. **Barreiras celulares à infeção**

Parte do processo de resposta inflamatória que ocorre em qualquer parte do corpo, o que leva a um aumento do fornecimento de sangue a esta área inflamatória e, assim, leva a atrair o influxo de células multinucleadas, como os eosinófilos e as células macrofágicas, para a área afetada. Estas células são consideradas a linha de defesa. A primeira defesa no sistema imunitário não especializado (imunidade inata) e estas células incluem:

1. Neutrófilos -Células polimorfonucleares (PMNs)

As células neutrófilas polinucleares (PMN) dirigem-se para a zona inflamatória e trabalham para devorar os micróbios no interior das células e matá-los, para além de atingirem os tecidos adjacentes à zona inflamatória que estão expostos à destruição para os proteger da infeção.

2. Macrófagos-Macrófagos tecidulares

A origem destas células é o monócito que está presente na circulação sanguínea e tem a capacidade de matar os microrganismos que entram no sangue. Estas células também têm a capacidade de penetrar e chegar fora da circulação sanguínea até aos tecidos, que têm uma caraterística única de especialização e se transformam em células macrófagas gigantes nos tecidos do corpo para eliminar organismos. Doenças que também invadem os tecidos, para além da capacidade destas células funcionarem como células preparatórias de antigénios (Antigen-Presenting Cells), uma vez que se ligam ao antigénio presente nos tecidos para que este fique pronto e seja distinguido por células imunitárias de nível superior com o objetivo de o devorar e eliminar, como é o caso das células assassinas citotóxicas tóxicas mortais. Tem um papel na reparação de tecidos danificados por infecções microbianas.

3. Células assassinas naturais (NK) e células assassinas activadas por linfocinas (LAK) -

Estas células fazem parte da imunidade não especializada, mas não são consideradas entre as células que respondem à ação da área inflamada.

Não são especializadas e têm a capacidade de monitorizar e matar células cancerígenas e vírus infecciosos não específicos e funcionam sem qualquer fator estimulante.

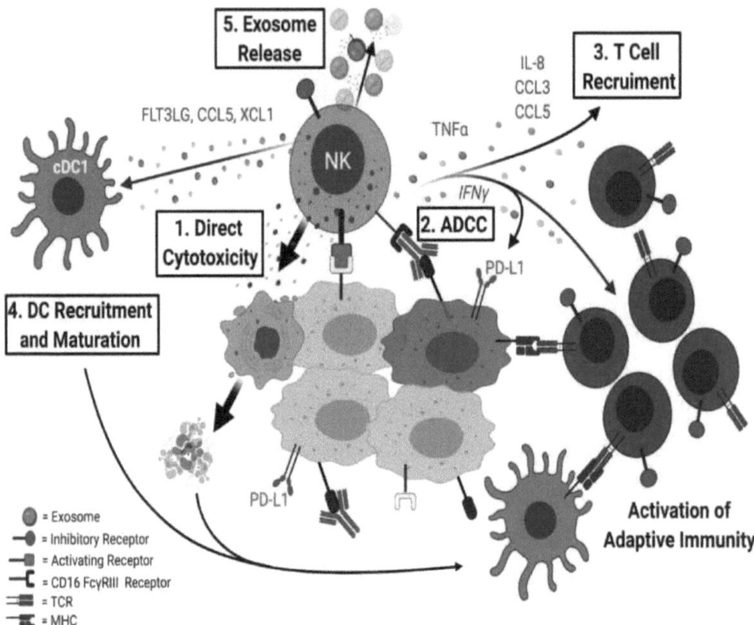

Figura 22. Célula assassina natural

4. Eosinófilos

Este tipo de célula tem certas proteínas nos seus grânulos azurófilos que estão unidos dentro do fagossoma e têm a capacidade de matar os parasitas dentro da célula nitrófila.

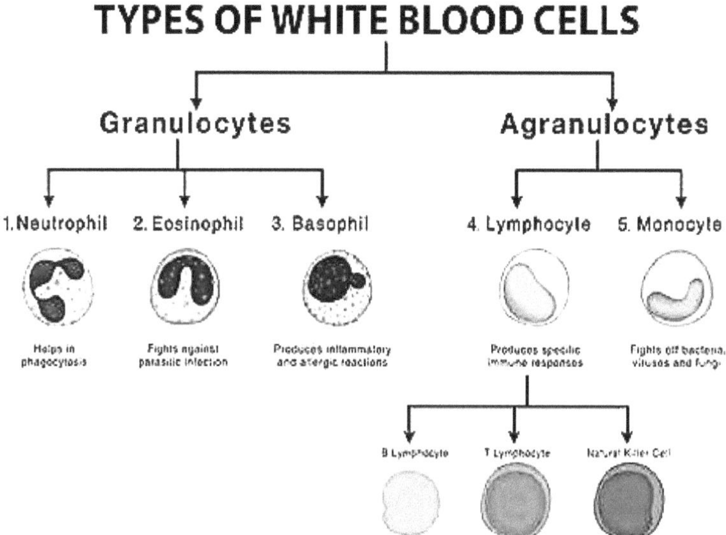

Figura 23. Tipos de glóbulos brancos

Fagocitose e morte intracelular

A. Células fagocíticas

1. **Neutrófilos /Células polimorfonucleares**

As células neutrófilas são células móveis que têm um núcleo lobulado e podem ser bem identificadas pelos seus múltiplos lóbulos nucleares (PMNs) ou pela presença de um antigénio na sua superfície chamado CD66.

Contém dois tipos de grânulos que utiliza contra as bactérias. O primeiro grânulo é o azurófilo, que está presente nas células jovens (Young Newly Formed PMNs) em grandes quantidades e contém proteínas catiónicas e meios de defesa que têm a capacidade de matar micróbios, tais como enzimas proteolíticas. E (Elastase, e Catepsina G), que ajuda a quebrar a proteína do micróbio, bem como a presença da enzima

(Lisozima), que ajuda a quebrar a parede do micróbio, além da posse da enzima (Mieloperoxidase), especialmente para as células neutrófilas, que leva a matar as bactérias, afectando os elementos necessários que estão envolvidos nos processos de reprodução bacteriana. Foi recentemente provado que os grânulos azurófilos contribuem para ajudar os antibióticos a matar as bactérias (Proteínas Catiónicas).

O segundo tipo de grânulos especiais que se encontram nas células neutrófilas multinucleadas maduras (PMN) e que contêm enzimas de lisozima, bem como componentes de NADPH oxidase que geram oxigénio tóxico e um oxidante mortal. Afectam igualmente os processos de reprodução microbiana, nomeadamente o seu efeito sobre o ferro, elemento importante para a manutenção da vida dos micróbios. (Lactoferrina, uma proteína quelante de ferro e proteína de ligação B12) Estas substâncias são necessárias para sustentar a vida e a reprodução das bactérias e, se forem interrompidas, as bactérias ficarão privadas de beneficiar do ferro, da B12 e da lactose, dos quais as bactérias dependem para o seu crescimento e reprodução.

2. **Monócitos/ Macrófagos**

Célula fagocítica caracterizada por um núcleo em forma de rim que pode ser distinguido pela sua forma ou pela sua superfície que contém um marcador distintivo (marcador CD 14). Caracteriza-se também por não conter grânulos como nas células multinucleadas (PMN), mas sim pela presença de múltiplos lisossomas, cujo conteúdo é equivalente ao das células (PMN).

Monocyte

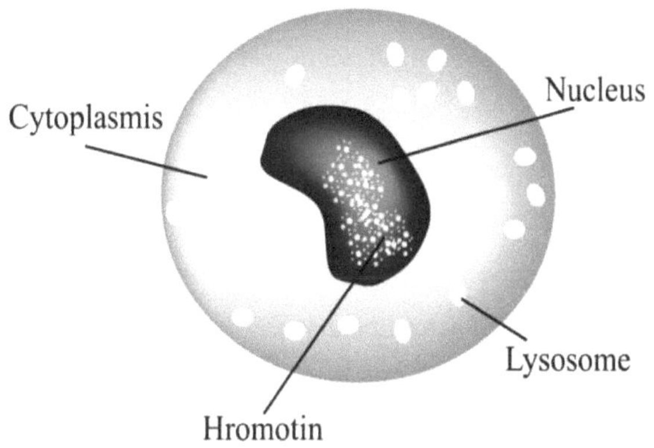

Carry antitumor, antiviral, antibacterial and antiparasitic immunity and are involved in regulation of hematopoiesis

Figura 24. Glóbulo branco monócito

B. Resposta dos fagócitos à infeção

As células polinucleares do sistema imunitário (PMNs e monócitos mononucleares) respondem a sinais SOS perigosos de sinais bacterianos gerados no local de uma infeção, que são emitidos por micróbios que contêm o sítio N-formil-metionina) após a sua colisão com células macrofágicas. Os sinais SOS também incluem e são emitidos por (bactérias, peptídeos do sistema de coagulação e produtos do complemento), enquanto os produtos e mensagens enzimáticas químicas (citocinas) são gerados a partir dos tecidos que contêm macrófagos que enfrentam as bactérias na área de infeção e, com base nessas mensagens, sua direção é realizada Células imunes. Alguns sinais SOS estimulam as células epiteliais próximas a infectarem-se. Contêm pequenas quantidades da proteína (Molécula de Adesão Intercelular 1 (ICAM-1)) nas paredes das células epiteliais, ou conhecida como CD54. Estão presentes em baixas concentrações nas células epiteliais e nas células vacuocitárias, mas a sua concentração aumenta. Após a estimulação, também, após a estimulação dos sinais SOS para as células próximas do local da lesão, estimulam as células adjacentes a estimular a substância (ICAM-1), e a sua função é ligar-se às células dos facócitos através da sua associação com receptores na superfície das células dos facócitos, e após a ligação, as células dos facócitos serão estimuladas a ligar-se. Com as células epiteliais para facilitar a sua passagem entre os tecidos e atingir as bactérias para que ocorra o processo de fagocitose e as bactérias sejam eliminadas.

A expansão dos vasos sanguíneos na área infetada com microrganismos cria contacto entre as células epiteliais com o objetivo do seu relaxamento, o que ajuda à penetração das células epiteliais pelas células fagocitárias num processo conhecido como (diapedese), que expressa a penetração das células fagocitárias através das células epiteliais. Os sinais SOS atraem as células fagocíticas para a área de infeção através da (quimiotaxia), que são sinais químicos que ajudam a atrair e a aumentar o número de fagócitos e de células Intracellular Killing com o objetivo de eliminar os microrganismos invasores.

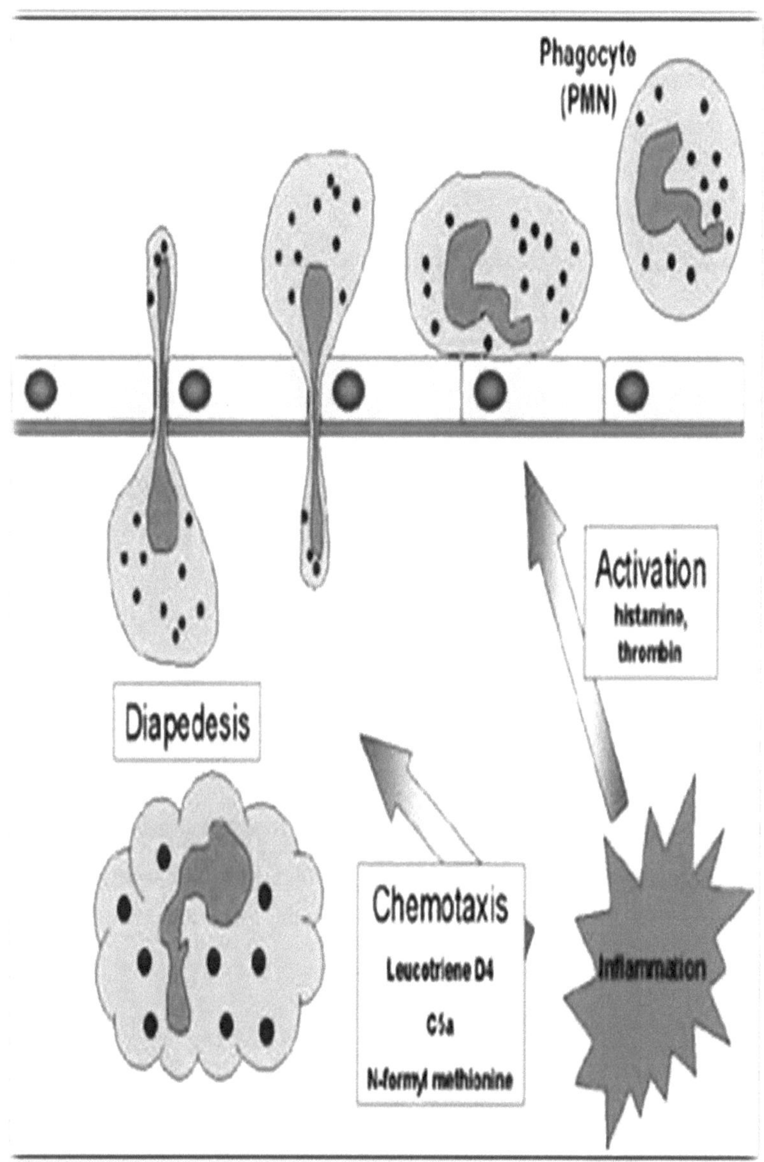

Figura 25. Resposta quimiotáctica ao efeito inflamatório junto a células fagocíticas

C. Início da fagocitose

A célula fagocitária possui vários receptores na superfície celular através dos quais o antigénio se liga a ela. Incluindo os seguintes:

1. **Receptores Fc**

As bactérias contêm receptores Fc na sua superfície que evidenciam a sua presença, e os corpos imunitários (IgG) estão ligados através de uma extremidade do corpo imunitário (região Fc) à célula fagocítica, e do outro lado o corpo imunitário está ligado à bactéria (região Fab). O processo de ligação do sistema imunitário do organismo ao vacuócito tem de ser precedido por uma interação entre o antigénio e o antigénio (IgG). A ligação do corpo imunitário que envolve a bactéria com o recetor (região Fc) na célula fagocítica melhora o processo de fagocitose. A ligação também funciona para ativar os processos vitais das células fagocíticas, o que se designa por explosão respiratória.

2. **Receptores do complemento**

As células fagocíticas têm receptores para complementos imunitários (C3b) nas suas superfícies, e o complemento também tem receptores que se ligam a eles na superfície das bactérias. Desta forma, também ajudam a melhorar o desempenho do processo de fagocitose e melhoram a eficácia da explosão respiratória após a geração de mono oxigénio.

3. **Receptores Scavenger**

São receptores localizados na superfície das células macrofágicas, na membrana plasmática, que têm a capacidade de se ligar a objectos que transportam múltiplas cargas negativas (polianiões) nas proteínas das bactérias e ajudam no processo de fagocitose. Desta forma, as células macrofágicas são estimuladas a livrar-se das bactérias. A palavra "scavenger" significa o processo de varrer ou limpar corpos estranhos que entram. O corpo e este trabalho sintético são considerados parte do trabalho do sistema imunitário no corpo.

4. **Receptores Toll-like**

As células fagocíticas possuem diferentes formas de receptores do tipo Toll (também designados receptores de padrões) cuja função é reconhecer amplamente amostras patológicas e são designados padrões moleculares associados a agentes patogénicos (PAMPs) ou receptores de reconhecimento de padrões (PRRs). A ação do Toll, semelhante à dos receptores no Vacosite, consiste em ligar-se ao antigénio presente nas amostras ou nos agentes patogénicos e, após a ligação, estimulará o Vacosite a segregar substâncias químicas inflamatórias denominadas (citocinas inflamatórias), que incluem o fator de necrose tumoral alfa (TNF-alfa) e a interleucina um e seis (IL-6). 1, IL-6).

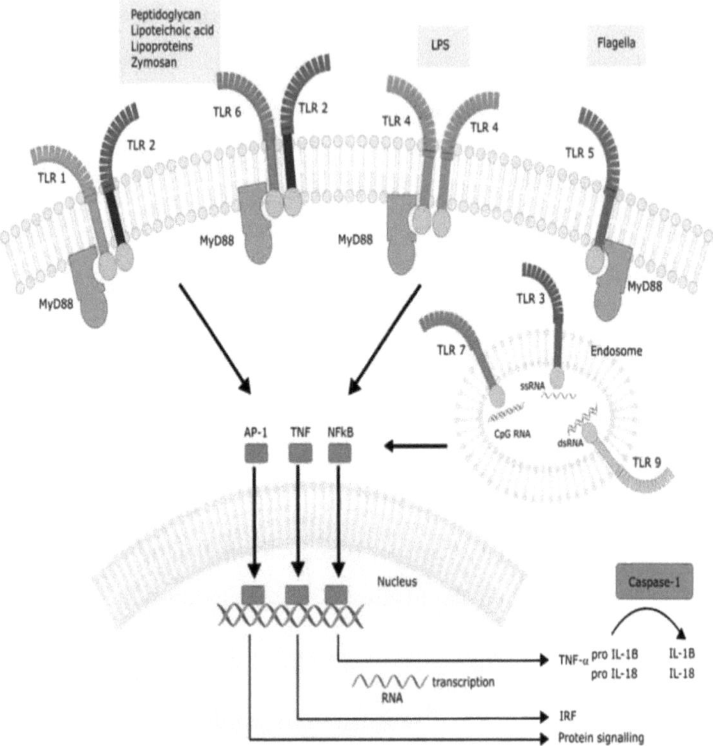

Figura 26. Adesão de bactérias (contendo antigénio) através de receptores

D. Fagocitose

Depois de os corpos estranhos infecciosos ou bactérias se ligarem à célula do fagossoma, este começa a estender pernas ou falsos apêndices chamados pseudópodes à volta da bactéria e devora-a imediatamente. Em seguida, a bactéria fica no interior do corpo do fagossoma, que se une a grânulos no interior da célula do fagossoma, chamados lisossomas, e que se transformam na bactéria. Dentro dessa união, que é chamada de (Fagolisossoma), este último conterá os grânulos que engoliram a bactéria e o lisossoma.

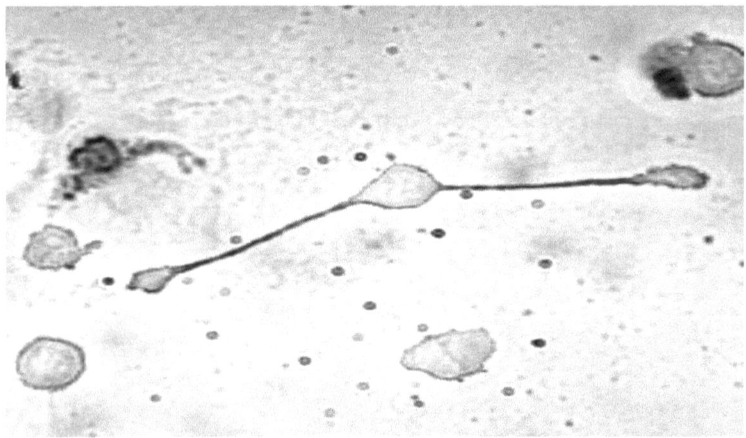

Figura 27. Mostra o processo de fagocitose utilizando micrografias

E. Explosão respiratória e morte intracelular

Durante o processo de fagocitose, a taxa de consumo de glicose e oxigénio aumenta, o que é uma indicação de que ocorreu uma explosão respiratória. A sequência de explosões respiratórias é a prova do número de conteúdos do composto de oxigénio que é produzido para matar as bactérias durante o processo de fagocitose. Este processo é designado por fagocitose. Este processo depende da morte das bactérias através do oxigénio libertado no interior da célula, cuja presença é necessária (Oxigénio - Dependente). Além deste método, é possível matar as bactérias utilizando substâncias que são libertadas pelos grânulos ou lisossomas, como nos eosinófilos e monossomas, quando se combinam com o fagossoma e formam um complexo fagolisossoma para a fagocitose. Neste método, não é necessário oxigénio no interior das células para matar as bactérias, sendo o método conhecido como (Oxygen-Independent).

F. Morte dependente de óxido nítrico

Quando a bactéria se liga à célula macrofágica através de receptores Toll-like proeminentes, o fator de necrose tumoral alfa (TNF-alfa) será gerado no interior do macrófago, que funciona através da secreção automática de sinais químicos que estimulam o gene responsável pela produção de óxido nítrico (NO). Que é conhecido como o gene que estimula a geração de óxido nítrico (Nitric Oxide Synthetase Gene) como um produto quando o óxido nítrico (NO) é produzido.

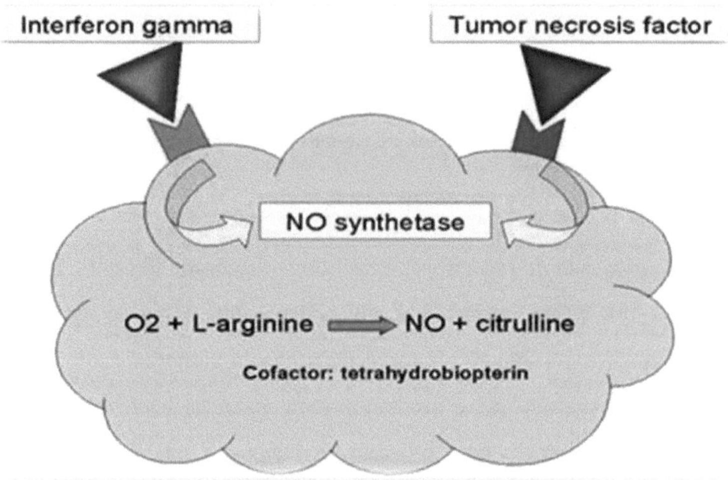

Figura 28. Morte de bactérias por óxido nítrico

Da mesma forma, se a célula macrofágica for exposta ao interferão gama (IFN-gama), ajudará a célula a segregar mais óxido nítrico, que é uma substância tóxica que tem a capacidade de matar micróbios no interior da célula macrofágica.

5. **Células assassinas não específicas**

Existem várias células assassinas que não são especializadas, ou seja, não se especializam em matar um micróbio específico ou uma célula cancerígena específica, como as células assassinas naturais (NK), bem como as células assassinas activadas por linfocinas (LAK) e as células assassinas (K) que têm a capacidade de ativar macrófagos. Os macrófagos e os eosinófilos matam qualquer corpo estranho depois de modificarem a mesma célula alvo de uma forma não especializada. Estas células desempenham um papel importante no ((sistema imunitário inato), o sistema imunitário inato não especializado. Entre essas células estão:

A. Células assassinas naturais e linfócitos assassinos activados (células NK e LAK)

As células assassinas naturais também são conhecidas como linfócitos granulares grandes (LGL). O seu aspeto é semelhante ao dos linfócitos, exceto que são ligeiramente maiores e têm múltiplos grânulos. As células assassinas naturais podem ser identificadas pela presença de um marcador na superfície da célula, que é (CD56 e CD16), e não há nenhum marcador nela. .CD3

As células assassinas têm a capacidade de matar vírus e células cancerígenas malignas, mas não de forma generalizada. A célula NK transforma-se numa célula assassina activada por linfocina quando é exposta a IL-2 e IFN-gama, mas não possui marcadores de superfície celular CD3.

As células NK transformam-se em células LAK, que têm a capacidade de matar células cancerígenas malignas, e a exposição contínua das células LAK à IL-2 e ao IFN-gama torna-as capazes de matar células cancerígenas transformadas. Por conseguinte, as células LAK foram hoje escolhidas como uma das propostas para estas células, com o objetivo de as utilizar no tratamento de células cancerígenas malignas.

Como podem as células NK e LAK distinguir as células cancerosas das células normais, para além dos vírus?

Estas células podem distinguir as células cancerosas malignas das normais ou distinguir os vírus através da presença de receptores nas superfícies destas células, que são:

1. **Recetor de ativação do assassino (KAR)**
2. **Recetor inibidor de Killer**

Quando o recetor ativado por killer (KAR) nas células (NK e LAK) colide com um alvo estranho ao corpo, como vírus e células cancerígenas, liga-se ao ligando ativador de killer (KAL) localizado na superfície do corpo estranho. Neste caso, as células (NK e LAK) serão capazes de matar o alvo.

No caso de ligação ao Recetor Inibidor de Killer (KIR) localizado nas células (NK e LAK) com a ligação (KAL) presente no alvo, a morte do alvo será inibida e não ocorrerá mesmo que o recetor (KAR) se ligue ao ligando do alvo (KAL). A ligação presente no alvo e é especializada para se ligar ao recetor inibitório (KIR) nas células NK. e LAK) é considerada especializada para ler e traduzi-lo usando (moléculas MHC-classe I) (Major Histocompatibility class I), que é considerado um dispositivo de monitoramento para todas as células do corpo (Monitor), e quando o corpo estranho é representado ou lido por (moléculas MHC-classe I) ele não matará. Por células (NK e LAK), mesmo que o corpo estranho tenha o ligante KAL, que lhe permite ligar-se ao KAR. Por isso, as células cancerígenas e os vírus tentam organizar-se para se ligarem às moléculas (MHC de classe I) com o objetivo de eliminar a morte pelas células (NK, (LAK). Além disso, toda a monitorização das células normais do organismo é feita através das moléculas (MHC-classe I), de modo a representá-las e traduzi-las como células normais com o objetivo de não enviar mensagens ao sistema imunitário para que este tome as medidas necessárias, como acontece com as células e os corpos estranhos ao organismo para serem eliminados.

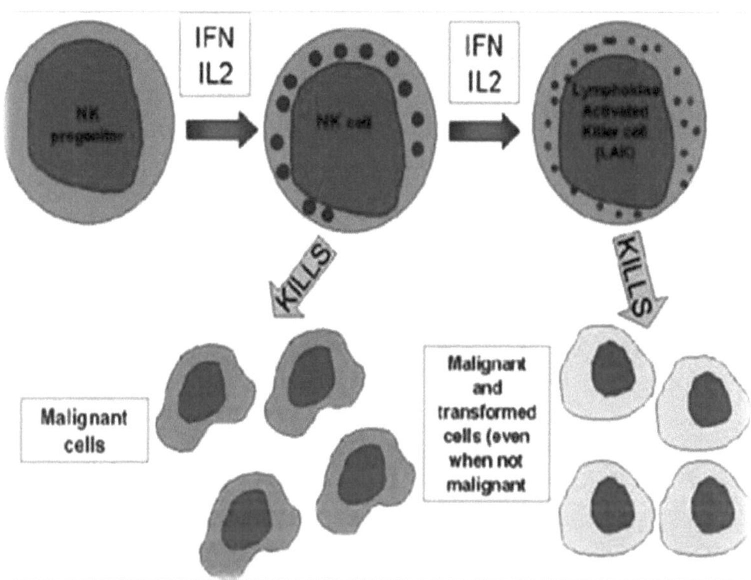

Figura 29. Mostra as células assassinas naturais e as células de linfocinas assassinas activadas (células NK e LAK) e a sua atividade nas células cancerígenas.

B. Células K-Killer

Na aparência externa, as células K assassinas não se parecem com células, embora utilizem corpos imunitários como mediadores para se ligarem ao alvo com o objetivo de o matar, tal como muitas células imunitárias que defendem o corpo. Este processo de mediação é designado por (ADCC), que também é conhecido por ((Antibody-dependent cellular cytotoxicity).

O trabalho da ADCC consiste em ligar-se ao corpo estranho com o objetivo de atrair a célula K assassina e ligar-se ao anticorpo imunitário, matando assim o corpo estranho. A ligação da célula K ao corpo imunitário faz-se através da presença de receptores Fc na superfície da célula K.)), que é especializado para se ligar à extremidade de Fc localizada numa extremidade do corpo imunitário, e esta ligação ajudará a célula Ki a matar o alvo coberto pelo corpo imunitário ligado a ela, e as células assassinas que contêm receptores (Fc) são (NK, LAK, Macrófagos) que têm receptores Fc são específicos para o anticorpo IgG, e os eosinófilos têm receptores específicos para o anticorpo IgE.

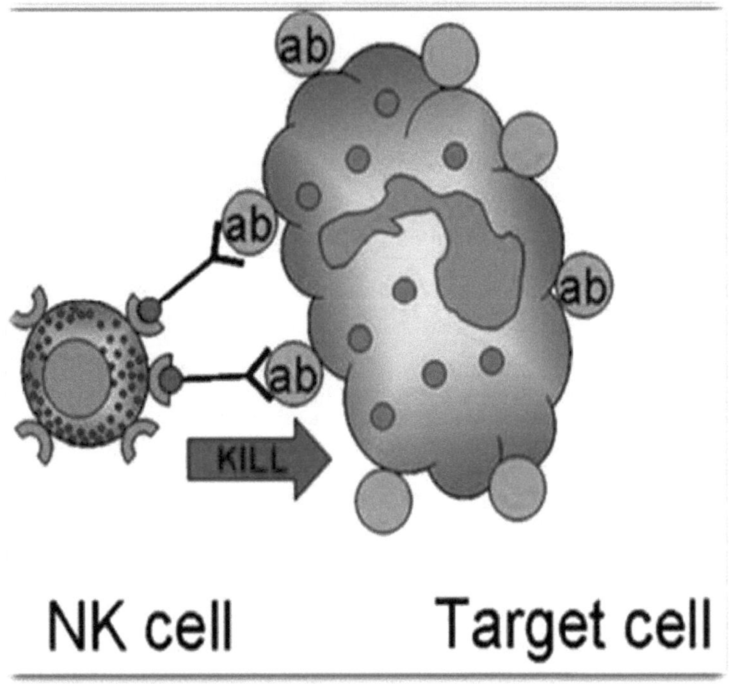

Figura 30. Como matar o alvo (micróbio) utilizando células assassinas naturais (células NK) pelo método opsonizado, na presença de anticorpos imunitários para ajudar a célula assassina.

2. Respostas imunitárias mediadas por células

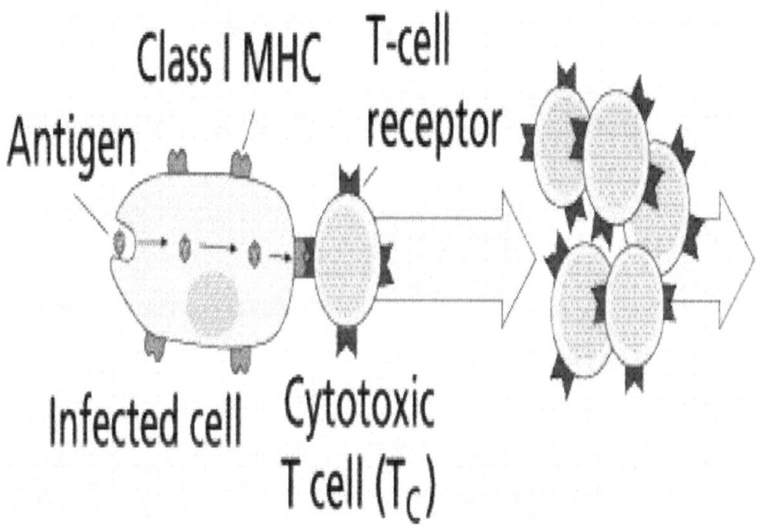

Figura 31. Resposta imunitária celular

Este tipo de resposta é causado pelos linfócitos T e pelos seus produtos de quimiocina. Os linfócitos T são altamente especializados e respondem apenas a determinados antigénios. Dois tipos especializados de proteínas: as proteínas do complexo principal de histocompatibilidade, conhecidas pela sua designação abreviada de proteínas MHC, e as proteínas dos receptores das células T ajudam a determinar a resposta dos linfócitos T a um determinado antigénio. As proteínas do MHC encontram-se nas superfícies externas da maioria das células, enquanto as proteínas dos receptores das células T se encontram nas superfícies dos linfócitos T.

O primeiro passo na resposta mediada por células começa com a ação dos macrófagos e de outras células preparadoras de antigénio. Depois de um antigénio entrar no corpo, as células preparadoras de antigénio engolem o antigénio e digerem-no em pedaços chamados péptidos antigénicos. As proteínas MHC ligam-se aos péptidos para formar complexos MHC peptídicos, também chamados complexos MHC antigénicos, onde esta associação ocorre entre proteínas MHC específicas e péptidos especializados. As estruturas peptídicas do MHC são então expostas às superfícies das células preparadas com antigénios. Quando os péptidos MHA são expostos, os receptores de células T nos linfócitos T adjacentes a estas estruturas são testados para determinar se os linfócitos T se podem ligar a elas, uma vez que os péptidos MHA específicos correspondem a receptores de células T específicos, tal como as chaves correspondem às fechaduras. Com a ocorrência de uma correspondência entre as estruturas dos péptidos MHAK e os receptores das células T, é enviado o primeiro sinal para ativar os linfócitos T.

A ativação dos linfócitos T também requer um segundo sinal de moléculas adicionais nas superfícies das células preparadoras de antigénios e das células T. Estas moléculas são preparadas para funcionar quando os receptores das células T encontram estruturas de péptidos MHC. Estas moléculas são preparadas para funcionar quando os receptores das células T encontram estruturas peptídicas do MHC. Apenas os linfócitos que recebem dois sinais especiais são activados - um dos seus receptores de células T e outro das suas moléculas adicionais. Uma vez activados, os linfócitos T começam a multiplicar-se e são depois libertados dos órgãos linfáticos para a corrente sanguínea e para os vasos linfáticos para combater a infeção.

O tipo de célula T envolvida numa resposta mediada por células depende do tipo de antigénio. Nas células infectadas com vírus, os antigénios activam normalmente os linfócitos T citotóxicos, que matam a célula infetada. Outros antigénios activam os linfócitos T auxiliares para segregarem substâncias químicas chamadas linfocinas, que pertencem a um grupo de substâncias químicas chamadas citocinas. Um tipo de linfocina estimula a produção e o crescimento de linfócitos T citotóxicos para matar a célula infetada, enquanto outros tipos fazem com que os macrófagos se juntem na área da infeção e os ajudam a destruir os organismos invasores. Entre os grupos de linfócitos que defendem o corpo contra vírus e tumores estão as células assassinas naturais. e estas células diferem dos outros linfócitos em muitos aspectos. Por exemplo, não requerem a ajuda de receptores de células T e a sua ação não requer a ativação de estruturas peptídicas MHAK. Em vez disso, as células assassinas naturais matam as células que contêm substâncias estranhas.

Depois de o sistema imunitário tratar a infeção, as células T segregam linfocinas que suprimem ou perturbam a resposta imunitária, interrompendo assim a produção de linfócitos T adequados, o que resulta na morte de muitas células T activadas. Mas algumas delas são armazenadas nos órgãos linfáticos, onde permanecem prontas para combater qualquer infeção semelhante quando necessário.

A resposta imunitária mediada por células desempenha um papel importante no sucesso ou insucesso do transplante de órgãos. Os dadores e os receptores de órgãos são geneticamente diferentes, com exceção dos gémeos idênticos que têm a mesma composição genética. Como resultado, o sistema imunitário do corpo do recetor trata o órgão transplantado como um órgão estranho, o que leva à estimulação de uma resposta imunitária mediada por células, destruindo ou rejeitando assim o órgão transplantado. Para reduzir a possibilidade de rejeição do órgão, os médicos tentam realizar transplantes de órgãos entre dadores e receptores com uma composição genética semelhante e utilizam medicamentos chamados imunossupressores, que impedem a ocorrência da resposta imunitária ou limitam a sua atividade.

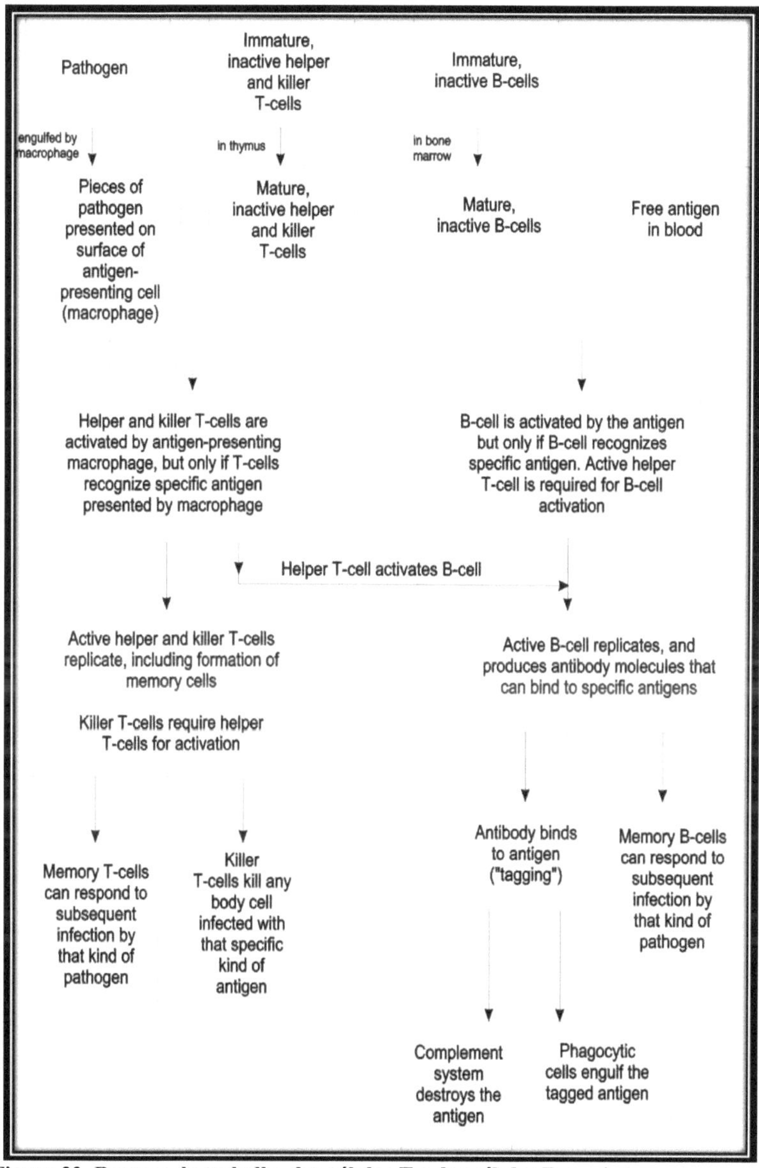

Figura 32. Resumo do trabalho das células T e das células B que interagem com os antigénios

Como se desenvolve a imunidade do organismo?

Existem dois tipos de imunidade: 1 - Imunidade ativa 2 - Imunidade passiva.

1. **Imunidade ativa**

O organismo adquire este tipo de imunidade quando um antigénio específico é introduzido através de uma infeção ou vacinação, uma vez que as células B e T de memória se tornam capazes de responder a qualquer ataque subsequente do mesmo antigénio mais rapidamente do que a velocidade da sua primeira resposta. A resposta imunitária subsequente é mais forte do que a primeira resposta e dura mais tempo.

A imunidade a algumas doenças dura mais tempo do que a imunidade a outras doenças. A infeção de uma pessoa com o vírus da febre amarela, por exemplo, protege-a permanentemente de qualquer infeção subsequente com o vírus. Esta doença resulta da infeção com um tipo de vírus, enquanto a constipação comum, por exemplo, resulta da infeção com vários tipos de vírus. Uma vez que o organismo está constantemente exposto a diferentes tipos de vírus da constipação, a imunidade a esta doença não é permanente, pois a infeção com um tipo destes vírus não confere proteção contra outros tipos.

Muitas pessoas têm imunidade ativa a uma determinada doença, sem o saberem, pois adquiriram imunidade por terem sido infectadas um dia com uma forma ligeira da doença. Não sentiram a doença, mas o organismo produziu os anticorpos necessários para a combater.

A vacinação, por vezes designada por imunização ativa, produz imunidade ativa à doença pretendida. A vacina contém bactérias ou vírus mortos ou enfraquecidos que produzem sintomas ligeiros da doença, ou não produzem quaisquer sintomas, porque contêm antigénios que desencadeiam uma resposta imunitária que torna o sistema imunitário capaz de reagir rapidamente contra qualquer infeção subsequente com o mesmo organismo. Em alguns casos, uma pessoa precisa de uma dose de reforço da vacina após algum tempo para manter a proteção contra a doença.

2. **Imunidade passiva**

Este tipo de imunidade é geralmente adquirido através da administração de uma ou mais injecções de um soro que contém anticorpos destinados a defender o organismo contra uma doença específica. Os médicos obtêm este tipo de soro - normalmente chamado antissoro - a partir do sangue de uma pessoa ou animal que recuperou da doença ou que recebeu uma vacina contra a mesma. Em vez de utilizar o soro completo, os médicos utilizam normalmente uma parte do soro denominada gamaglobulina, que contém a maior parte dos anticorpos contidos no sangue, enquanto a gamaglobulina retirada do sangue de vários dadores de sangue contém diferentes tipos de anticorpos. Os médicos administram injecções de gamaglobulina aos doentes que não conseguem produzir anticorpos suficientes. Os médicos também utilizam a gamaglobulina para prevenir o sarampo e a hepatite viral nas pessoas expostas à doença que não podem receber a vacina. O organismo destrói os anticorpos obtidos através da imunidade passiva e não os substitui. Por conseguinte, a imunidade passiva é de curta duração, prolongando-se apenas por algumas semanas ou alguns meses, enquanto a imunidade ativa se prolonga por anos. O feto adquire imunidade passiva contra algumas doenças ao receber anticorpos da mãe. Estes anticorpos protegem o feto durante vários meses após o nascimento, pelo que as crianças recebem anticorpos adicionais através do leite materno

Resposta autoimune

A resposta imunitária é normalmente dirigida contra substâncias estranhas ao organismo e não contra os tecidos do próprio organismo. Mas, por vezes, o sistema imunitário trata os tecidos do corpo como corpos estranhos e começa a atacá-los. Esta resposta é designada por resposta autoimune ou autoimunidade, e resulta em muitas doenças que podem levar à destruição de tecido vermelho, ou o que se designa por lúpus eritematoso. Cada indivíduo pode produzir auto-anticorpos - anticorpos que podem atacar os tecidos do próprio corpo - e linfócitos T que podem desempenhar o mesmo papel. Mas estes linfócitos e autoanticorpos são normalmente controlados por citocinas produzidas pelas células T e pela incapacidade do organismo de fornecer um segundo sinal de ativação às células T e, por vezes, aos anticorpos. Como resultado, a maioria dos indivíduos não desenvolve doenças auto-imunes. Os cientistas não sabem porque é que algumas pessoas desenvolvem essas doenças e outras não, mas encontraram algumas provas de que algumas pessoas podem herdar doenças auto-imunes.

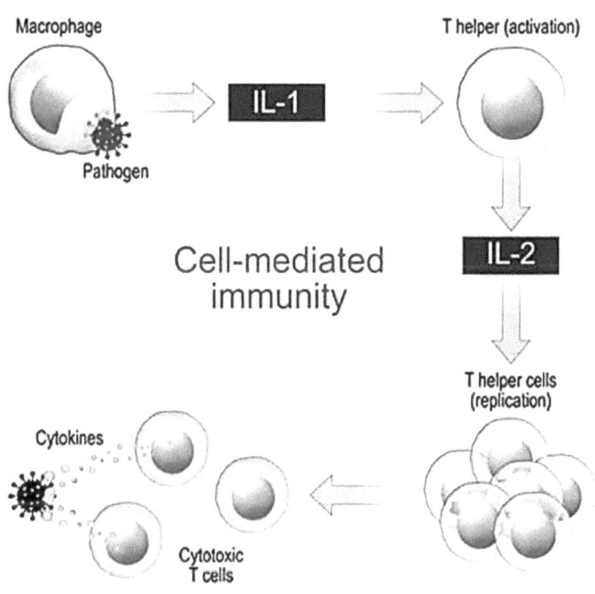

Figura 33. Diagrama da resposta autoimune do organismo

Órgãos imunitários do corpo humano

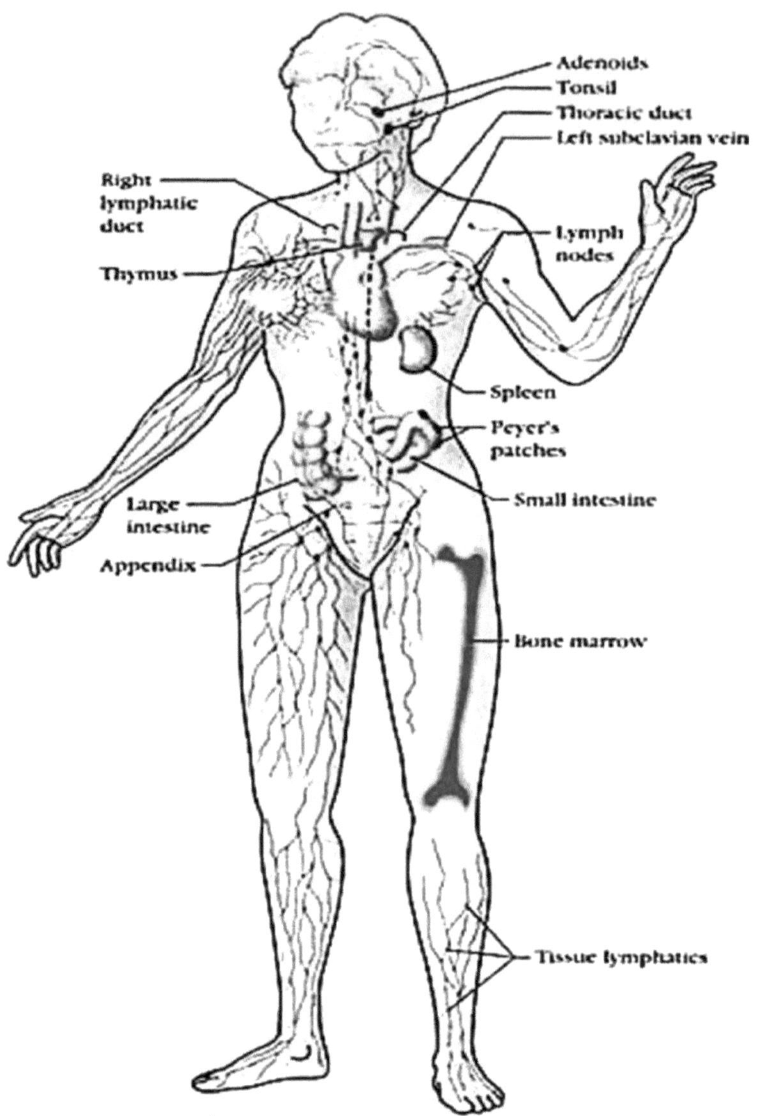

Figura 34. Órgãos imunitários presentes no corpo humano

Vários órgãos do corpo humano participam no sistema imunitário, incluindo os seguintes:

1. **Amígdalas**: São uma das massas imunitárias especializadas na defesa dos tecidos que se encontram na garganta humana. São de cor rosa escuro e têm forma de amêndoa. As amígdalas estão situadas na parte posterior da garganta. São chamadas amígdalas ou amígdalas palatinas.

2. **Apêndice nasal** (Tonsilla pharyngea): O apêndice nasal ou adenoide nasal, ou seja, a amígdala nasofaríngea, é uma massa de tecido linfático localizada atrás da cavidade nasal, no teto da nasofaringe, onde o nariz encontra a laringe. Normalmente, nas crianças, forma um monte macio no teto posterior da parede da nasofaringe, atrás da úvula.

3. **A saliva** é uma substância líquida que se encontra na boca dos animais e é segregada pelas glândulas salivares aí localizadas. A saliva na boca humana é constituída principalmente por 99,5% de água e os restantes 0,5% incluem compostos iónicos, substâncias pegajosas e glicoproteínas. Enzimas, substâncias bacterianas e antibacterianas, como a imunoglobulina A e a lisozima. A importância das enzimas presentes na saliva reside no papel que desempenham durante a primeira fase da digestão, onde decompõem os alimentos ricos em amido e gorduras em substâncias mais simples. Para além de um outro papel que estas enzimas desempenham no processo de decomposição das partes dos alimentos que ficam presas nas fissuras dos dentes, o que funciona para proteger os dentes das cáries bacterianas. A saliva também facilita o processo de deglutição e o deslizamento dos alimentos com facilidade. Hidrata os alimentos e dá-lhes uma textura pegajosa. A saliva também protege as superfícies internas que cobrem a parede da boca e impede-as de secar.

4. **O timo** é uma glândula endócrina situada na traqueia, acima do coração. É grande nas crianças e continua a atrofiar-se durante a adolescência porque o seu tamanho diminui quando as glândulas reprodutoras começam a amadurecer e a segregar. Esta glândula segrega a hormona tirosina, que regula a imunidade do organismo, ajuda a produzir linfócitos e supervisiona a regulação imunitária do organismo. As células T diferenciam-se nela. Acredita-se também que esta glândula e a sua secreção têm um papel na aprendizagem da linguagem nos seres humanos, e esta hipótese é apoiada pela rápida aceitação da aprendizagem da linguagem pela criança, especialmente o método de pronúncia correta, enquanto é impossível para um adulto dominar a pronúncia correta, por melhor que domine as línguas que aprende mais tarde, em termos de vocabulário, gramática, força dos significados e estilo.

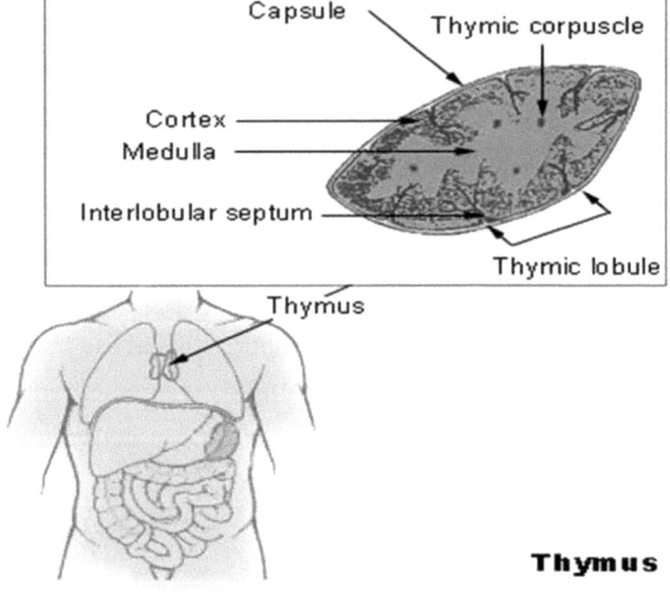

Thymus

Figura 35. A glândula timo

5. **Os gânglios linfáticos** são inchaços que surgem ao longo do trajeto dos vasos linfáticos e têm funções importantes na defesa do organismo, formando tipos de células imunitárias. O corpo humano contém um grande número de gânglios linfáticos que, para além do sangue, são penetrados pela linfa, cujo peso total varia entre 600 e 700 gramas. A linfa é devolvida aos gânglios linfáticos através de canais linfáticos aferentes que drenam para o seio da cápsula. Este seio contém uma rede frouxa rica em macrófagos.

A linfa inunda primeiro a área cortical, que contém aglomerados de linfócitos específicos das células B, formando folículos linfóides. Após a infeção, estes folículos desenvolvem-se e as células multiplicam-se, formando plasmócitos. A região medial (cortical) contém células dispersas, enquanto a região medular é rica em linfócitos e plasmócitos reunidos sob a forma de cordas.Os gânglios linfáticos são o local de armazenamento e reprodução das células imunitárias, uma vez que estas células contribuem para várias actividades:

1- Os fagócitos encontram-se em grande número nos gânglios linfáticos e engolfam bactérias e corpos estranhos na linfa.

2- As células B e T proporcionam reacções imunitárias específicas.

6. **Vasos linfáticos**: São vasos anatómicos e podem ser comparados aos vasos sanguíneos, mas não transportam sangue. São responsáveis pelo transporte do fluido linfático presente no tecido, que inclui uma pequena quantidade de proteínas.

É possível distinguir cerca de quatro tipos de vasos linfáticos em termos de estrutura, função e tamanho:

1. Capilar linfático.

2. Pré-colectores, nos quais se reúne um grupo de capilares linfáticos.

3. A mesquita (coletor), na qual se reúne um grupo de mesquitas tribais (primárias).

4. O tronco linfático colectado (Lymphsammelstamme), que é o maior vaso linfático do corpo.

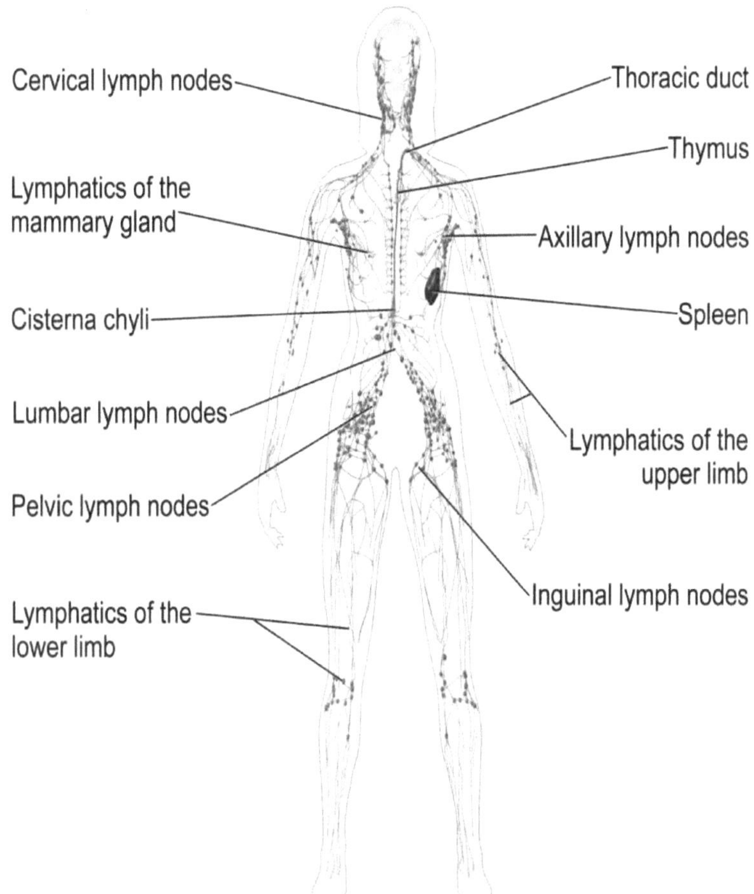

Figura 36. Vasos linfáticos no corpo humano

7. O baço é um órgão presente nos seres humanos e em todos os animais vertebrados. Nos seres humanos, o baço é um órgão único, a maior massa única de tecido linfático do corpo. A sua cor tende para o vermelho. Funciona basicamente como um filtro de sangue, e uma pessoa pode viver normalmente após a remoção do baço, seja como resultado de um acidente ou como um procedimento terapêutico. É um órgão linfático que contém vários seios cheios de sangue e linfócitos.

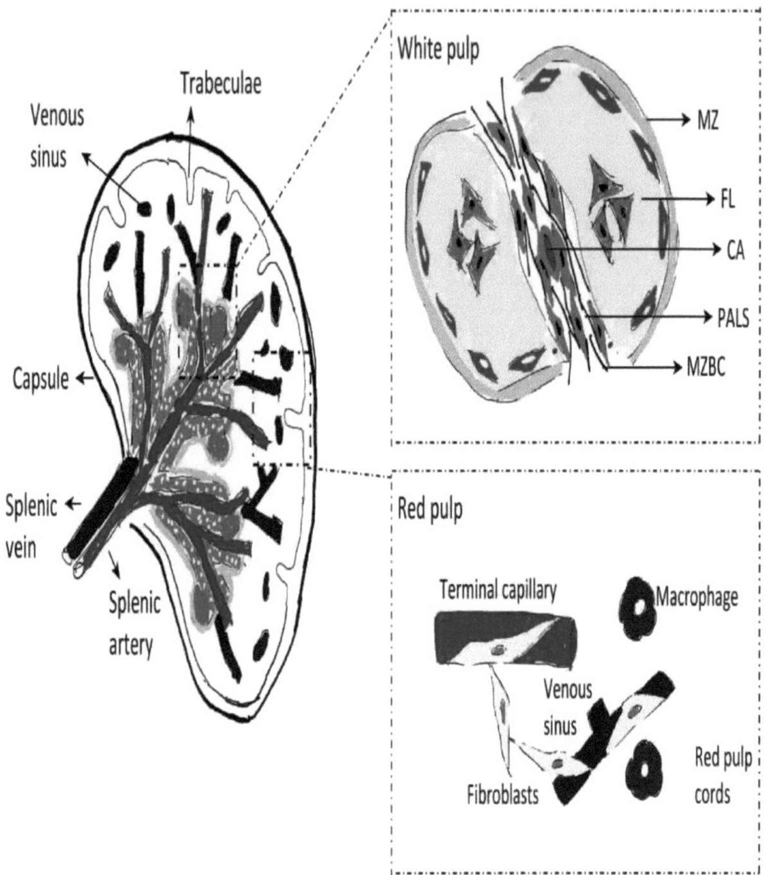

Figura 37. Papel do baço na imunidade

8. **O estômago** é a parte do canal digestivo que se segue ao esófago e que conduz aos intestinos. É como um saco expansível que acomoda os alimentos até serem digeridos e depois empurrados para os intestinos. O estômago está localizado na parte superior do abdómen.

A função do estômago é digerir os alimentos que ingerimos, especialmente os materiais proteicos, ou seja, decompô-los em pequenas partículas. As paredes fortes do estômago pressionam os alimentos durante 4 horas, após o que os alimentos se transformam num semi-líquido. Depois disso, o alimento passa através da abertura pilórica para o duodeno, que é considerado a primeira parte do intestino delgado, que tem cerca de 6 metros de comprimento num adulto. Por isso, são enrolados uns nos outros para que a cavidade abdominal os possa acomodar. A cor do estômago está relacionada com a cor dos lábios, devido à renovação das células. A primeira parte do intestino é o duodeno, ou seja, o seu comprimento é igual à largura de 12 dedos. Aqui abrem-se dois canais: o saco biliar, que é um pequeno saco que se liga ao fígado e que transporta a vesícula biliar, que digere as substâncias gordas. O ducto pancreático: transporta o sumo pancreático, que ajuda no processo de digestão e neutraliza o ácido do estômago. Depois de os alimentos passarem pelo duodeno, tornam-se adequados para serem absorvidos, uma vez que este processo tem lugar nas convoluções do intestino delgado e, em pequena medida, no intestino grosso.

A parede do intestino delgado é revestida por milhões de células minúsculas chamadas vilosidades, que efectuam o processo de absorção. Depois, vem o cólon, que tem 1,5 metros de comprimento e tem a forma de três lados quadrados. Estende-se do lado inferior direito do abdómen para cima, depois dobra-se ao longo da largura do abdómen por baixo do estômago e volta a dobrar-se para baixo a partir do lado esquerdo do abdómen. A extremidade do cólon chama-se reto, tem cerca de 15 cm de comprimento e situa-se na cavidade da parte sacral da coluna vertebral. O reto termina no canal anal, que é normalmente fechado por um músculo forte e redondo chamado músculo do ânus.

Os resíduos alimentares chegam ao cólon sob a forma de semi-líquido, uma vez que o corpo não permite que saiam sob esta forma, pelo que o cólon absorve a maior parte do líquido destes resíduos e depois excreta o resto sob a forma de fezes. São necessárias 24 horas para que os alimentos saiam do trato digestivo. O estômago não aceita alimentos muito frios e é prejudicado por eles, assim como alimentos quentes, que provocam úlceras no estômago.

9. **Intestino** - Flora bacteriana intestinal: é o conjunto de micróbios presentes no sistema digestivo.

10. **Anticorpos:**

I Em imunologia, uma imunoglobulina é uma proteína em forma de Y que se encontra no sangue e noutros fluidos corporais dos vertebrados. É utilizada pelo sistema imunitário para reconhecer e neutralizar corpos estranhos, como bactérias e vírus.

12. **Tecido mieloide**

É um tecido mole que se encontra no interior dos ossos e que representa cerca de 4,5% do peso do corpo. Todas as células sanguíneas são fabricadas na medula óssea. Existem dois tipos de medula, a medula vermelha e a medula amarela. Os glóbulos vermelhos, a maioria dos glóbulos brancos e as plaquetas são produzidos na medula vermelha, enquanto a medula amarela produz alguns glóbulos brancos. A medula amarela tem este nome devido à presença de células gordas em grande quantidade.

A cor vermelha da medula deve-se à presença de sangue, células hematopoiéticas e células adiposas, que se encontram escassamente distribuídas e isoladas. A cor amarela pura é causada pela presença de um grande número de tecido adiposo que se espalhou muito.

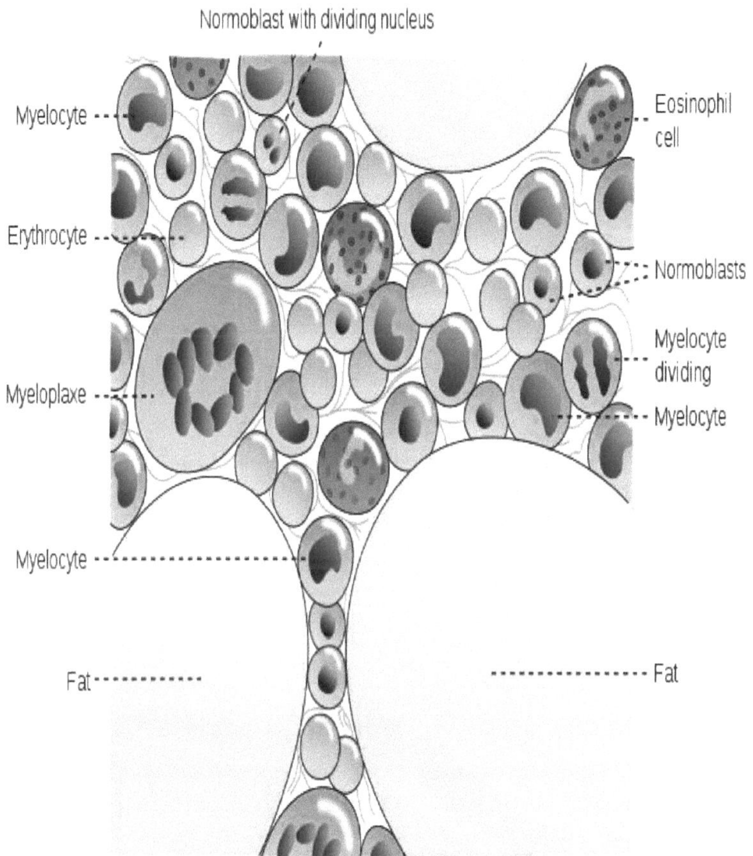

Figura 38. Medula óssea

13. Granulócitos

Uma das principais divisões dos glóbulos brancos, que constituem a maior parte deles em 5070%. Provém de uma linha de células estaminais, tal como os outros componentes do sangue. Caracteriza-se por ter uma forma esférica, não se divide e tem uma vida curta de cerca de 2 a 5 dias, sendo depois renovada. Pode entrar nos tecidos, penetrando nos vasos sanguíneos e nas membranas celulares. Este grupo inclui 3 tipos de glóbulos brancos:

1. Células neutrófilas

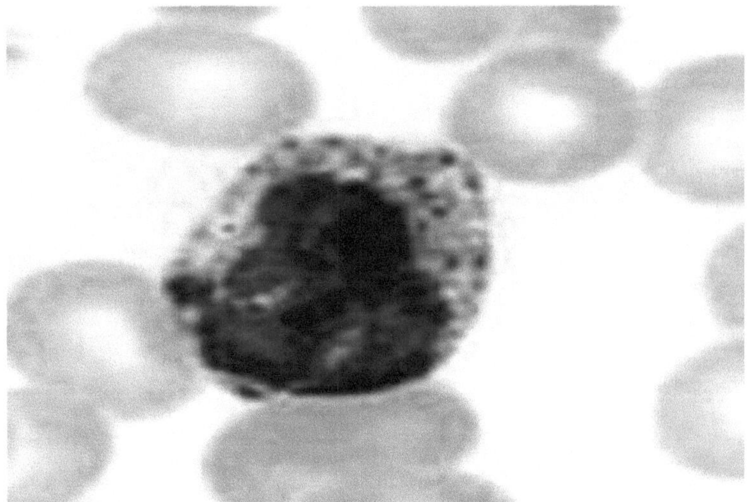

Figura 39. Glóbulo branco neutro

2. Células eosinófilas

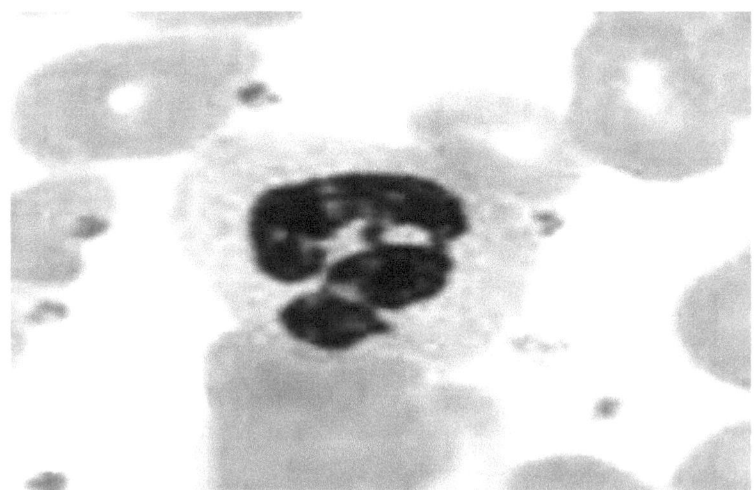

Figura 40. Glóbulo branco eosinofílico

3. Células basófilas

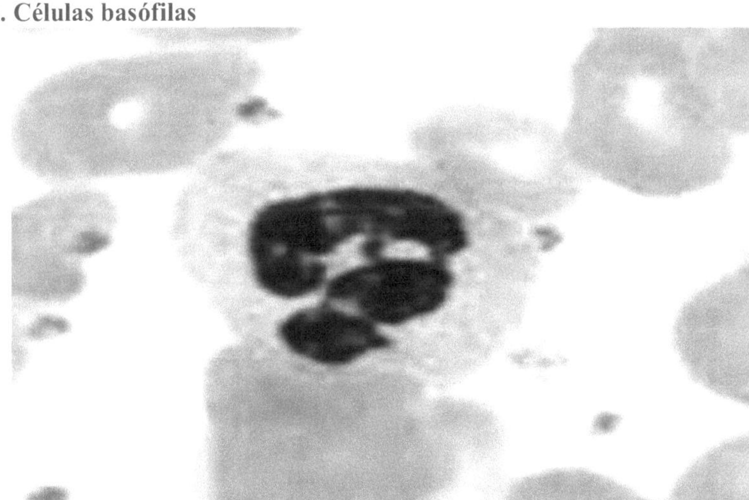

Figura 41. Glóbulo branco basófilo

São chamados granulócitos porque contêm bolhas que contêm um líquido antimicrobiano. Pertencem, portanto, ao sistema imunitário do organismo. A classificação dos três tipos depende do tipo de corante que a célula aceita. Por exemplo, uma célula neutrofílica aceita tanto corantes ácidos como básicos quando os detecta. Os granulócitos formam-se na medula óssea e recebem este nome devido à presença de pequenos grânulos no fluido citoplasmático. Algumas das suas formas:

Doenças auto-imunes

Estas doenças destroem os tecidos de alguns órgãos, como a tiroide, a pele e o pâncreas. A doença autoimune conhecida como doença de Graves, por exemplo, afecta a glândula tiroide e torna-a hiperactiva. Na maioria das pessoas com esta doença, a interação dos anticorpos que circulam na corrente sanguínea com o tecido da tiroide faz com que a glândula cresça e produza quantidades adicionais de hormona da tiroide. O excesso de hormona provoca uma série de sintomas, como tensão e batimentos cardíacos aumentados ou irregulares. A doença é normalmente tratada com medicamentos que reduzem a secreção da hormona da tiroide.

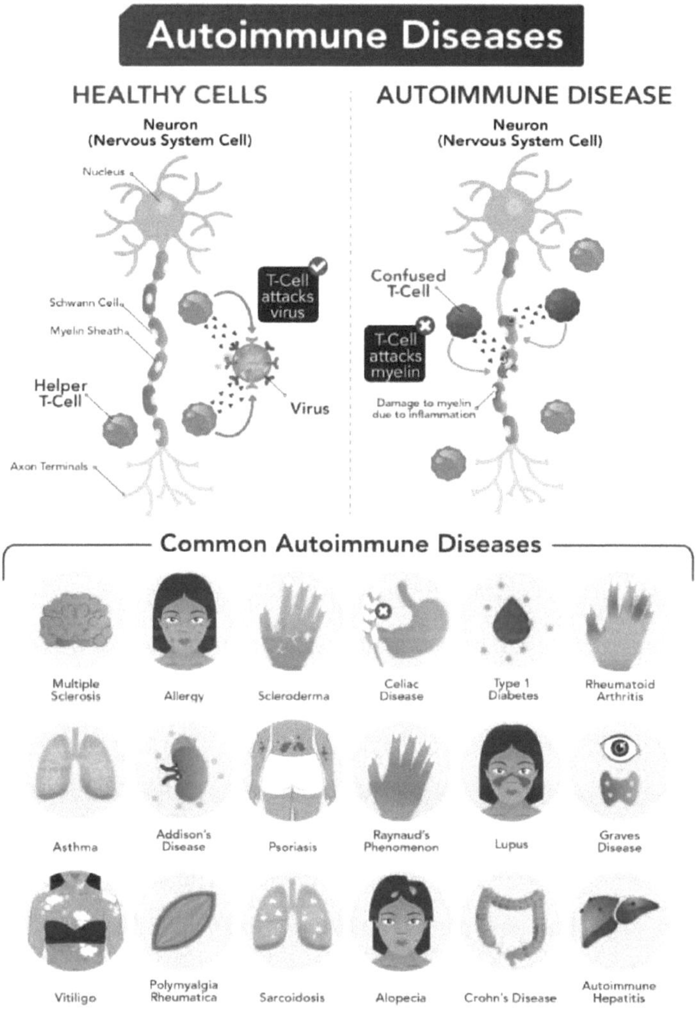

Figura 42. Doenças auto-imunes

Doenças auto-imunes abrangentes

Estas doenças afectam uma série de órgãos. A mais perigosa destas doenças é o lúpus eritematoso sistémico, que afecta a pele, os rins, o sistema nervoso, as articulações e o coração. O lúpus eritematoso universal envolve a produção de auto-anticorpos que se ligam a tecidos e antigénios que circulam na corrente sanguínea, activando assim o complemento. O complemento ativado produz uma inflamação que leva à destruição dos tecidos. Os médicos e os médicos abordam o lúpus eritematoso universal com aspirina e cortisona e outros medicamentos.

Perturbações do sistema imunitário

O sistema imunitário está exposto a uma série de perturbações que impedem o seu funcionamento. Algumas destas doenças, como as alergias, causam muitos problemas. Entre as doenças mais perigosas encontram-se as chamadas doenças de imunodeficiência, como a SIDA (síndrome de imunodeficiência adquirida). A SIDA, por exemplo, ainda não encontrou um único caso de cura. Existem outras doenças de imunodeficiência que também podem levar à morte.

Alergias Doenças

Trata-se de respostas falsas e prejudiciais do sistema imunitário a substâncias que não são prejudiciais para a maioria das pessoas. As substâncias que desencadeiam reacções alérgicas são designadas por alergénios, incluindo o pólen, o pó e as penas. As doenças alérgicas comuns incluem a asma e o eczema (inchaços vermelhos e com comichão na pele).

A reação alérgica ocorre em várias etapas. Inicialmente, os alergénios ligam-se a anticorpos ligados aos mastócitos, que são células grandes em determinados tecidos do sistema respiratório, da pele, do estômago e dos intestinos. Estas células são activadas quando os alergénios se ligam a anticorpos específicos de alergénios nas suas superfícies. Quando activadas durante uma reação alérgica, estimulam os mastócitos a libertar histamina e outros químicos. Os glóbulos brancos chamados basófilos também libertam histamina. A histamina produz muitos dos sintomas normalmente associados às reacções alérgicas, como espirros, congestão nasal, comichão e pieira. Por isso, os médicos prescrevem medicamentos chamados anti-histamínicos para neutralizar os efeitos da histamina e aliviar os sintomas de muitas doenças alérgicas.

Doenças de imunodeficiência

Estas doenças incluem a SIDA e a imunodeficiência recombinante grave. Estas doenças estão entre as doenças mais perigosas que afectam o sistema imunitário, uma vez que as pessoas afectadas por elas não possuem algumas das caraterísticas ou funções mais importantes do sistema imunitário. Como resultado, o sistema imunitário não consegue responder eficazmente contra a invasão de organismos nocivos. Por esta razão, as pessoas com doenças de imunodeficiência sofrem de infecções recorrentes, que em muitos casos põem a vida em risco.

SIDA

Uma doença fatal causada por um vírus chamado vírus da imunodeficiência humana (VIH). A infeção pelo VIH resulta na deterioração da função do sistema imunitário. Como o sistema imunitário continua a enfraquecer ao longo do tempo, as pessoas infectadas com VIH tornam-se mais susceptíveis a doenças que normalmente não ocorrem ou a doenças que normalmente não são graves. Estas doenças são chamadas doenças oportunistas porque exploram um sistema imunitário fraco. O colapso do sistema imunitário acaba por conduzir à morte.

Síndrome de Imunodeficiência Aguda

É uma doença que a criança tem desde o nascimento e é causada por um gene defeituoso. As crianças com esta doença sofrem de uma diminuição do número de células B e de linfócitos T eficazes. Por conseguinte, estas crianças sofrem de uma falta de imunidade mediada por células e de imunidade humoral. As vítimas desta doença desenvolvem doenças infecciosas graves no início da vida e a maioria morre antes dos dois anos de idade.

Os médicos têm tido algum sucesso no transplante de medula óssea saudável para o corpo de pessoas com imunodeficiência combinada grave, para lhes fornecer um número suficiente de células sanguíneas que combatem a doença. Os médicos também descobriram um gene defeituoso que causa alguns casos de síndrome de imunodeficiência combinada grave e esperam que a terapia genética se torne um método de tratamento eficaz no combate à doença. A terapia genética consiste em substituir o gene defeituoso que causa a doença por um gene normal.

Capítulo 3: Doenças de imunodeficiência

As doenças de imunodeficiência diminuem a capacidade do sistema imunitário de defender o organismo contra células estranhas ou anormais que o invadem ou atacam (como bactérias, vírus, fungos e células cancerígenas). Como resultado, podem desenvolver-se infecções bacterianas, virais ou fúngicas invulgares, linfomas ou outros cancros.

Outro problema é que até 25% das pessoas que têm uma doença de imunodeficiência também têm uma doença autoimune (como a trombocitopenia imune). Numa doença autoimune, o sistema imunitário ataca os tecidos do próprio corpo. Por vezes, a doença autoimune desenvolve-se antes de a imunodeficiência causar quaisquer sintomas.

Tipos de doenças de imunodeficiência

1. **Primárias:** Estas doenças estão normalmente presentes à nascença e são doenças genéticas que são normalmente hereditárias. Normalmente, tornam-se evidentes durante a infância. No entanto, algumas doenças de imunodeficiência primária (como a imunodeficiência comum variável) não são reconhecidas até à idade adulta. Existem mais de 100 doenças da imunodeficiência primária. Todas são relativamente raras.

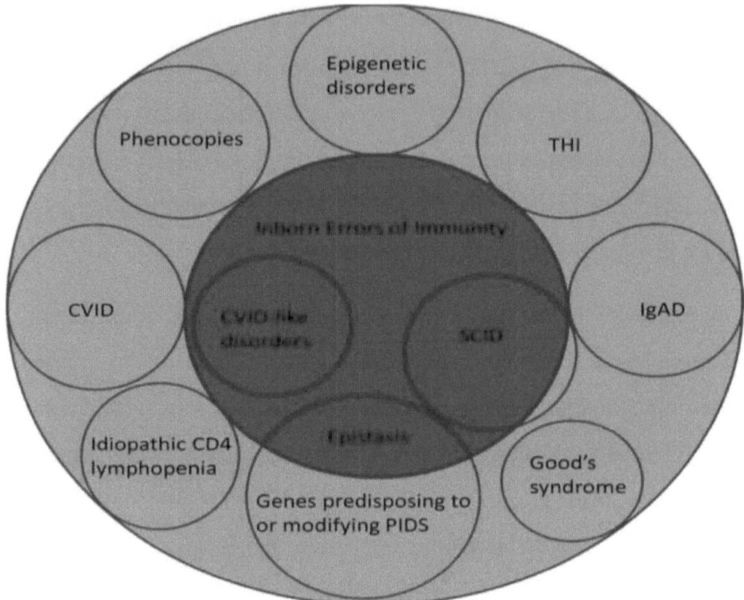

Figura 43. Imunodeficiências primárias inatas

2. **Secundárias**: Estas doenças desenvolvem-se geralmente mais tarde na vida e resultam frequentemente da utilização de determinados medicamentos ou de outra doença, como a diabetes ou a infeção pelo vírus da imunodeficiência humana (VIH). São mais comuns do que as doenças primárias da imunodeficiência.

Algumas doenças de imunodeficiência encurtam o tempo de vida. Outras persistem ao longo da vida, mas não afectam o tempo de vida, e algumas desaparecem com ou sem tratamento.

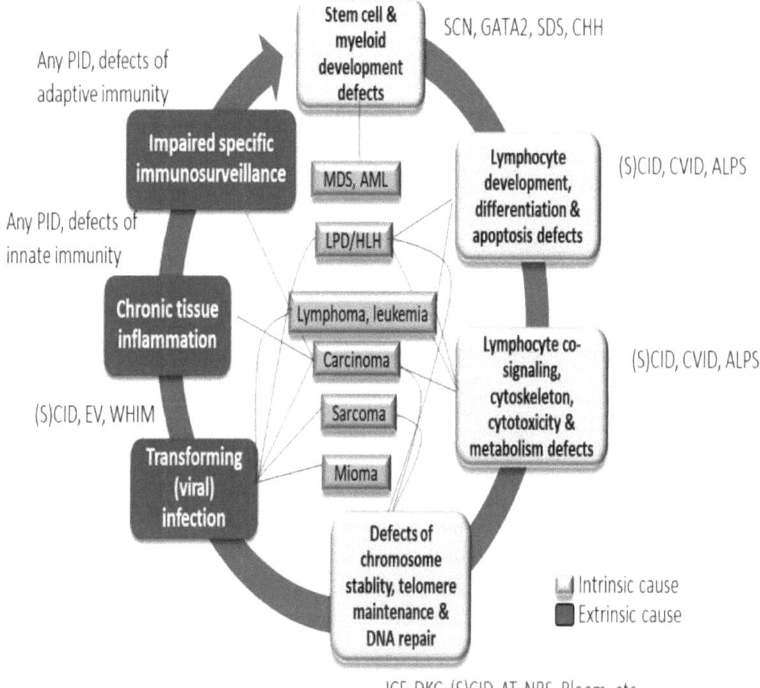

Figura 44. Imunodeficiência secundária

Causas das doenças de imunodeficiência

Imunodeficiência primária

As imunodeficiências primárias podem ser causadas por mutações, por vezes num gene específico. Se o gene mutado se encontrar no cromossoma X (sexo), a doença resultante é chamada uma doença ligada ao X. As doenças ligadas ao X ocorrem mais frequentemente em rapazes. Cerca de 60% das pessoas com imunodeficiências primárias são do sexo masculino.

As doenças de imunodeficiência primária são classificadas de acordo com a parte do sistema imunitário que é afetada:

- Imunidade humoral, que envolve células B (linfócitos), um tipo de glóbulo branco que produz anticorpos (imunoglobulinas)

- Imunidade celular, que envolve células T (linfócitos), um tipo de glóbulo branco que ajuda a identificar e destruir células estranhas ou anómalas.

- Imunidade humoral e celular (células B e células T).

- Fagócitos (células que ingerem e matam microrganismos)

- Proteínas do complemento (proteínas que ajudam as células imunitárias a matar as bactérias e a identificar as células estranhas a destruir) O componente afetado do sistema imunitário pode estar em falta, em número reduzido, ou ser anormal e funcionar mal.

Os problemas com as células B são as doenças de imunodeficiência primária mais comuns, representando mais de metade.

Perturbações da imunodeficiência secundária

Estas perturbações podem resultar de

- Doenças prolongadas (crónicas) e/ou graves, como a diabetes ou o cancro

- Drogas

- Raramente, radioterapia

As doenças de imunodeficiência podem resultar de quase todas as doenças graves prolongadas. Por exemplo, a diabetes pode provocar uma doença de imunodeficiência porque os glóbulos brancos não funcionam bem quando o nível de açúcar no sangue é elevado. A infeção pelo vírus da imunodeficiência humana (VIH) resulta na síndrome da imunodeficiência adquirida (SIDA), a doença grave mais comum da imunodeficiência adquirida.

Muitos tipos de cancro podem causar um distúrbio de imunodeficiência. Por exemplo, qualquer cancro que afecte a medula óssea (como a leucemia ou o linfoma) pode impedir a medula óssea de produzir glóbulos brancos normais (glóbulos B e T), que fazem parte do sistema imunitário.

A subnutrição - seja de todos os nutrientes ou de apenas um - pode prejudicar o sistema imunitário. Quando a subnutrição faz com que o peso diminua para menos de 80% do peso recomendado, o sistema imunitário é frequentemente afetado. Uma diminuição para menos de 70% resulta normalmente numa deficiência grave.

Os distúrbios de imunodeficiência secundária também ocorrem em pessoas idosas e em pessoas hospitalizadas.

Os imunossupressores são medicamentos utilizados para suprimir intencionalmente a atividade do sistema imunitário. Por exemplo, alguns são utilizados para prevenir a rejeição de um órgão ou tecido transplantado (ver tabela Medicamentos utilizados para prevenir a rejeição de transplantes). Podem ser administrados a pessoas com uma doença autoimune para suprimir o ataque do organismo contra os seus próprios tecidos.

Os corticosteróides, um tipo de imunossupressor, são utilizados para suprimir a inflamação devida a várias doenças, como a artrite reumatoide. No entanto, os imunossupressores também suprimem a capacidade do organismo para combater infecções e talvez para destruir células cancerígenas.

A quimioterapia e a radioterapia também podem suprimir o sistema imunitário, conduzindo por vezes a perturbações de imunodeficiência.

Imunodeficiência em pessoas idosas

À medida que as pessoas envelhecem, o sistema imunitário torna-se menos eficaz de várias formas (ver Efeitos do envelhecimento no sistema imunitário). Por exemplo, com a idade, as pessoas produzem menos células T. As células T ajudam o corpo a reconhecer e combater células estranhas ou anormais.

A subnutrição, que é comum nas pessoas idosas, prejudica o sistema imunitário. A subnutrição é geralmente considerada como uma deficiência de calorias, mas também pode ser uma deficiência de um ou mais nutrientes essenciais. Dois nutrientes que são particularmente importantes para a imunidade, o cálcio e o zinco, podem ser deficientes nas pessoas idosas. A carência de cálcio é mais frequente nas pessoas idosas, em parte porque, com a idade, o intestino torna-se menos capaz de absorver o cálcio. Além disso, os idosos podem não ingerir cálcio suficiente na sua alimentação. A deficiência de zinco é muito comum em idosos institucionalizados ou que não podem sair de casa.

Certas doenças (como a diabetes e a doença renal crónica), que são mais comuns nas pessoas idosas, e certas terapias (como os imunossupressores), que as pessoas idosas são mais propensas a utilizar, podem também prejudicar o sistema imunitário.

Sintomas de doenças de imunodeficiência

As pessoas com uma doença de imunodeficiência tendem a ter uma infeção atrás da outra. Normalmente, as infecções respiratórias (como as infecções dos seios nasais e dos pulmões) desenvolvem-se primeiro e recorrem com frequência. A maioria das pessoas acaba por desenvolver infecções bacterianas graves que persistem, reaparecem ou levam a complicações. Por exemplo, as dores de garganta e as constipações podem evoluir para pneumonia. No entanto, o facto de ter muitas constipações não sugere necessariamente uma doença de imunodeficiência. Por exemplo, uma causa mais provável de infecções frequentes em crianças é a exposição repetida a infecções na creche ou na escola.

As infecções da boca, dos olhos e do trato digestivo são comuns. A candidíase, uma infeção fúngica da boca, pode ser um sinal precoce de uma doença de imunodeficiência. Podem formar-se feridas na boca. As pessoas podem ter doença crónica das gengivas (gengivite) e infecções frequentes dos ouvidos e da pele. As infecções bacterianas (por exemplo, com estafilococos) podem causar a formação de feridas cheias de pus (pioderma). As pessoas com determinadas doenças de imunodeficiência podem ter muitas verrugas grandes e visíveis (causadas por vírus).

Muitas pessoas têm febres e arrepios e perdem o apetite e/ou o peso. Podem surgir dores abdominais, possivelmente devido ao aumento do fígado ou do baço.

Os bebés ou as crianças pequenas podem ter diarreia crónica e podem não crescer e desenvolver-se como esperado (designado por atraso de crescimento). As crianças que desenvolvem sintomas na primeira infância têm provavelmente uma imunodeficiência mais grave do que aquelas cujos sintomas se desenvolvem mais tarde. Outros sintomas variam consoante a gravidade e a duração das infecções.

As imunodeficiências primárias podem ocorrer como parte de uma síndrome com outros sintomas. Estes outros sintomas são frequentemente mais facilmente reconhecidos do que os da imunodeficiência. Por exemplo, os médicos podem reconhecer a síndrome de DiGeorge porque os bebés afectados têm orelhas baixas, um maxilar pequeno que recua e olhos muito abertos. Embora as pessoas com uma imunodeficiência possam ter uma capacidade reduzida de combater bactérias e outras substâncias "estranhas", podem desenvolver uma resposta imunitária contra os seus próprios tecidos e desenvolver sintomas de uma doença autoimune.

Diagnóstico de doenças de imunodeficiência

- Análises ao sangue
- Testes cutâneos
- Uma biopsia
- Por vezes, testes genéticos

Os médicos devem primeiro suspeitar que existe uma imunodeficiência. Em seguida, efectuam testes para identificar a anomalia específica do sistema imunitário.

Os médicos suspeitam de imunodeficiência quando uma ou mais das seguintes situações ocorrem:

- Uma pessoa tem muitas infecções recorrentes (normalmente sinusite, bronquite, infecções do ouvido médio ou pneumonia).
- As infecções são graves ou invulgares.

- Uma infeção grave é causada por um organismo que normalmente não causa uma infeção grave (como Pneumocystis, fungos ou citomegalovírus).

- As infecções recorrentes não respondem ao tratamento.

- Os membros da família também têm infecções recorrentes frequentes e graves.

História

Para ajudar a identificar o tipo de doença de imunodeficiência, os médicos perguntam em que idade a pessoa começou a ter infecções recorrentes ou invulgares ou outros sintomas caraterísticos. Os diferentes tipos de doenças de imunodeficiência são mais prováveis consoante a idade em que as infecções começam, como se pode ver a seguir:

- Mais jovem do que 6 meses: Normalmente uma anomalia nas células T
- Idade de 6 a 12 meses: Possivelmente um problema tanto com as células B como com as células T ou com as células B
- Mais de 12 meses: Normalmente uma anomalia nas células B e na produção de anticorpos

O tipo de infeção também pode ajudar os médicos a identificar o tipo de doença de imunodeficiência. Por exemplo, saber qual o órgão (ouvido, pulmões, cérebro ou bexiga) afetado, qual o organismo infetante (bactéria, fungo ou vírus) e qual a espécie do organismo pode ajudar.

Os médicos interrogam a pessoa sobre os factores de risco, como a diabetes, a utilização de certos medicamentos, a exposição a substâncias tóxicas, como certos pesticidas ou benzeno, e a possibilidade de ter parentes próximos com doenças de imunodeficiência (história familiar). Também podem ser feitas perguntas sobre a atividade sexual passada e atual, a utilização de drogas intravenosas e transfusões de sangue anteriores para determinar se a infeção pelo VIH pode ser a causa.

Exame físico

Os resultados de um exame físico podem sugerir imunodeficiência e, por vezes, o tipo de doença de imunodeficiência. Por exemplo, os médicos suspeitam de certos tipos de doenças de imunodeficiência quando são encontrados os seguintes factores

- O baço está aumentado de tamanho.
- Existem problemas com os gânglios linfáticos e as amígdalas.

Nalguns tipos de doenças de imunodeficiência, os gânglios linfáticos são extremamente pequenos. Noutros tipos, os gânglios linfáticos e as amígdalas estão inchados e sensíveis.

Testes

São necessários exames laboratoriais para confirmar o diagnóstico de imunodeficiência e para identificar a

São efectuadas **análises ao sangue,** incluindo um hemograma completo. O hemograma pode detetar uma amostra de sangue que é recolhida e analisada para determinar o número total de glóbulos brancos e as percentagens de cada tipo principal de glóbulo branco. Os glóbulos brancos são examinados ao microscópio para detetar anomalias. Os médicos também determinam os níveis de imunoglobulinas e os níveis de determinados anticorpos específicos produzidos após a administração de vacinas. Se algum dos resultados for anormal, são normalmente efectuados testes adicionais.

Podem ser efectuados **testes cutâneos** se se pensar que a imunodeficiência se deve a uma anomalia das células T. A prova cutânea assemelha-se à prova da tuberculina, utilizada para despistar a tuberculose. Pequenas quantidades de proteínas de organismos infecciosos comuns, como leveduras, são injectadas sob a pele. Se ocorrer uma reação (vermelhidão, calor e inchaço) em 48 horas, as células T estão a funcionar normalmente. A ausência de reação pode sugerir uma anomalia das células T. Para confirmar uma anomalia das células T, os médicos fazem análises ao sangue adicionais para determinar o número de células T e para avaliar a função das células T.

Pode ser feita **uma biopsia** para ajudar os médicos a identificar a doença de imunodeficiência específica que está a causar os sintomas. Para a biopsia, os médicos retiram uma amostra de tecido dos gânglios linfáticos e/ou da medula óssea. A amostra é analisada para determinar se estão presentes determinadas células imunitárias.

Os testes genéticos podem ser efectuados se os médicos suspeitarem de um problema no sistema imunitário. A mutação ou mutações genéticas que causam muitas doenças de imunodeficiência foram identificadas. Assim, os testes genéticos podem, por vezes, ajudar a identificar a doença específica de imunodeficiência. Se uma pessoa tem uma causa genética de imunodeficiência, alguns dos seus familiares também podem ter a doença ou ser portadores do gene anómalo. Por isso, os médicos recomendam frequentemente que os familiares próximos sejam avaliados, por vezes incluindo testes genéticos.

Rastreio de doenças de imunodeficiência

Os testes genéticos, normalmente análises ao sangue, podem também ser efectuados em pessoas cujas famílias são portadoras de um gene para uma doença hereditária de imunodeficiência. Estas pessoas podem querer ser testadas para saber se são portadoras do gene para a doença e quais são as suas hipóteses de ter um filho afetado.

Várias imunodeficiências, como a agamaglobulinemia ligada ao X, a síndrome de Wiskott-Aldrich, a imunodeficiência combinada grave e a doença granulomatosa crónica, podem ser detectadas no feto através da análise de uma amostra do líquido que o envolve (líquido amniótico) ou do sangue do feto (testes pré-natais). Esses testes podem ser recomendados para pessoas com história familiar de uma doença de imunodeficiência quando a mutação foi identificada na família.

Alguns especialistas recomendam o rastreio de todos os recém-nascidos através de uma análise ao sangue que determina se têm células T anormais ou demasiado poucas células T - chamada

Teste do círculo de excisão do recetor de células T (TREC). Este teste pode identificar algumas deficiências imunitárias celulares, como a imunodeficiência combinada grave. A identificação precoce de bebés com imunodeficiência combinada grave pode ajudar a evitar a sua morte numa idade jovem. O teste TREC de todos os recém-nascidos é agora exigido em muitos estados dos EUA.

Prevenção das doenças de imunodeficiência

Algumas das doenças que podem causar imunodeficiência secundária podem ser prevenidas e/ou tratadas, ajudando assim a evitar o desenvolvimento da imunodeficiência. Eis alguns exemplos:

- **Infeção pelo VIH:** As medidas de prevenção da infeção pelo VIH, como seguir as diretrizes do sexo seguro e não partilhar agulhas para injetar drogas, podem reduzir a propagação desta infeção. Além disso, os medicamentos anti-retrovirais podem geralmente tratar eficazmente a infeção pelo VIH.
- **Cancro:** Um tratamento bem sucedido restaura geralmente a função do sistema imunitário, a menos que as pessoas tenham de continuar a tomar imunossupressores.
- **Diabetes:** Um bom controlo dos níveis de açúcar no sangue pode ajudar os glóbulos brancos a funcionar melhor e, assim, evitar infecções.

Tratamento dos distúrbios da imunodeficiência

- Medidas gerais e certas vacinas para prevenir infecções
- Antibióticos e antivirais quando necessário
- Por vezes, imunoglobulina
- Por vezes, transplante de células estaminais

O tratamento das doenças de imunodeficiência envolve normalmente a prevenção de infecções, o tratamento de infecções quando estas ocorrem e a substituição de partes do sistema imunitário em falta, quando possível.

Com um tratamento adequado, muitas pessoas com uma doença de imunodeficiência têm uma esperança de vida normal. No entanto, algumas necessitam de tratamentos intensivos e frequentes durante toda a vida. Outras, como as que sofrem de imunodeficiência combinada grave, morrem durante a infância, a menos que recebam um transplante de células estaminais.

Prevenção de infecções

As estratégias de prevenção e tratamento das infecções dependem do tipo de doença de imunodeficiência. Por exemplo, as pessoas que têm uma doença de imunodeficiência devida a uma deficiência de anticorpos correm o risco de contrair infecções bacterianas. As seguintes medidas podem ajudar a reduzir esse risco:

- Praticar uma boa higiene pessoal (incluindo cuidados dentários conscientes)
- Não comer alimentos mal cozinhados
- Não beber água que possa estar contaminada
- Evitar o contacto com pessoas infectadas
- Ser tratado periodicamente com imunoglobulina (anticorpos obtidos do sangue de pessoas com um sistema imunitário normal) administrada por via intravenosa ou sob a pele

As vacinas são administradas se a doença de imunodeficiência específica não afetar a produção de anticorpos. As vacinas são administradas para estimular o organismo a produzir anticorpos que reconhecem e atacam bactérias ou vírus específicos. Se o sistema imunitário da pessoa não conseguir produzir anticorpos, a administração de uma vacina não resulta na produção de anticorpos e pode mesmo resultar em doença. Por exemplo, se uma doença não afetar a produção de anticorpos, as pessoas com essa doença recebem a vacina contra a gripe uma vez por ano. Os médicos também podem administrar esta vacina aos familiares diretos da pessoa e a pessoas que tenham contacto próximo com ela.

Em geral, as vacinas que contêm organismos vivos mas enfraquecidos (vírus ou bactérias) não são administradas a pessoas com anomalias das células B ou T, porque podem provocar uma infeção nessas pessoas. Estas vacinas incluem a vacina contra o rotavírus, a vacina contra o sarampo, a papeira e a rubéola, a vacina contra a varicela (varicela), um tipo de vacina contra a varicela-zóster (zona), a vacina contra o bacilo de Calmette-Guérin (BCG), a vacina contra a gripe administrada por pulverização nasal e a vacina oral contra o poliovírus. A vacina oral contra o poliovírus já não é utilizada nos Estados Unidos, mas é utilizada em algumas outras partes do mundo.

Tratamento de infecções

Os antibióticos são administrados assim que se desenvolve uma febre ou outro sinal de infeção e, frequentemente, antes de procedimentos cirúrgicos e dentários, que podem introduzir bactérias na corrente sanguínea. Se uma doença (como a imunodeficiência combinada grave) aumentar o risco de desenvolver infecções graves ou infecções específicas, podem ser administrados antibióticos a longo prazo para prevenir essas infecções.

Os medicamentos antivirais são administrados ao primeiro sinal de infeção se as pessoas tiverem uma doença de imunodeficiência que aumente o risco de infecções virais (como a imunodeficiência devida a uma anomalia das células T). Estes medicamentos incluem oseltamivir ou zanamivir para a gripe e aciclovir para o herpes ou varicela.

Substituir as partes em falta do sistema imunitário

A imunoglobulina **pode substituir eficazmente os anticorpos em falta (imunoglobulinas) em pessoas com uma imunodeficiência que afecta a produção de anticorpos pelas células B. A imunoglobulina pode ser injectada numa veia (por via intravenosa) uma vez por mês ou sob a pele (por via subcutânea) uma vez por semana ou uma vez por mês. A imunoglobulina subcutânea pode ser administrada em casa, muitas vezes pela própria pessoa com a doença.**

O transplante de células estaminais pode corrigir algumas doenças de imunodeficiência, nomeadamente a imunodeficiência combinada grave. As células estaminais podem ser obtidas da medula óssea ou do sangue (incluindo o sangue do cordão umbilical). O transplante de células estaminais, que está disponível em alguns grandes centros médicos, é normalmente reservado para doenças graves.

O transplante de tecido do timo é por vezes útil.

A terapia genética, juntamente com o transplante, é uma intervenção com potencial para curar doenças genéticas. Na terapia genética, um gene normal é inserido nas células de uma pessoa para corrigir uma anomalia genética que está a causar uma doença. A terapia genética tem sido utilizada com sucesso em várias doenças de imunodeficiência primária, como a imunodeficiência combinada grave, a doença granulomatosa crónica, a deficiência de adenosina deaminase, entre outras. Embora existam várias limitações e obstáculos ao procedimento, a terapia genética é promissora para potenciais curas no futuro.

Referências

1. Bettelli E, Oukka M, Kuchroo VK (2007)TH-17 cells in the circle of immunity and auto-immunity. Nat Immunol 8(4):345-35.

2. Berzins SP, Smyth MJ, Baxter AG (2011) Presumed guilty: natural killer T cell defectsand human disease. Nat Rev Immunol 11(2):131-142

3. Paust S, von Andrian UH (2011) Natural killercell memory. Nat Immunol 12(6):500-508.

4. Medina E (2009) Neutrophil extracellulartraps: a strategic tactic to defeat pathogens withpotential consequences for the host. J InnateImmun 1(3):176-18

5. Cavaillon JM (2011) The historical milestonesin the understanding of leukocyte biology initi-ated by Elie Metchnikoff. J Leukoc Biol 90(3):413-424.

6. Dreyer WJ, Bennett JC (1965) The molecularbasis of antibody formation: a paradox. ProcNatl Acad Sci U S A 54(3):864-869.

7. Turk JL (1994) Almroth Wright: phagocytosisand opsonization. J R Soc Med 87(10):576-57.

8. Vidal M, Chan DW, Gerstein M, Mann M, Omenn GS, Tagle D, Sechi S (2012) Thehuman proteome: a scientifi c opportunity fortransforming diagnostics, therapeutics, andhealthcare. Clin Proteomics 9(1):6 (15).

9. James Fernandez, MD, PhD, (Distúrbios da Imunodeficiência) Cleveland Clinic Lerner College of Medicine da Case Western Reserve University Revisto/Revisto em janeiro de 2023.

10. Chevrier MR, Ryan AE, Lee DY, Zhongze M, Wu-Yan Z, Via CS. O extrato de Boswellia carterii inibe as citocinas TH1 e promove as citocinas TH2 in vitro. Clin Diag Lab Immunol. 2005; 12:575-80.

11. Zhao W, Entschladen F, Liu H, Niggemann B, Fang Q, Zaenker K, et al. O acetato de ácido boswélico induz a diferenciação e a apoptose em melanomas e fibrossarcomas altamente metastáticos. Cancer Detect Prev. 2003; 27:67-75.

12. Siemoneit U, Koeberle A, Rossi A, Dehm F, Verhoff M, Reckel S, et al. Inibição da prostaglandina E2 Sintase-1 microssomal como base molecular para as acções anti-inflamatórias dos ácidos boswelicos do incenso. Br J Pharmacol. 2011;162:147-62.

13. Khosravi Samani M, Mahmoodian H, Moghadamnia A, Poorsattar Bejeh Mir A, Chitsazan M. O efeito do incenso no tratamento da gengivite moderada induzida por placas: Um ensaio clínico aleatório duplamente cego. Daru. 2011;19:288-94.

14.. Rahimi R, Shams-Ardekani MR, Abdollahi M. Uma revisão da eficácia da medicina tradicional iraniana na doença inflamatória intestinal. World J Gastroenterol.2010;16:4504-14.

15. The Ayurvedic Pharmacopoeia of India (Formulations), Departamento de Sistemas Indianos de Medicina e Homeopatia, Ministério da Saúde e do Bem-Estar Familiar, Governo da Índia, Nova Deli, Índia, 1.ª edição, 2007.

16. The Ayurvedic Pharmacopoeia of India, Departamento de Sistemas Indianos de Medicina e Homeopatia, Ministério da Saúde e do Bem-Estar Familiar, Governo da Índia, Nova Deli, Índia, 1ª edição, 2001.

17. Nafisi S, Bonsaii M, Maali P, Khalilzadeh MA, Manouchehri F. Os alcalóides da betacarbolina ligam-se ao ADN. J Photochem Photobiol B. 2010;100:84-91

18. Ayad Shehab Ahmad AL-obaid. 2005. Efeito da suplementação de diferentes níveis de sementes pretas moídas *(Nigella sativa)* na produção, nas caraterísticas imunológicas e na flora intestinal de frangos de carne. Tese de doutoramento.

19. Adewusi EA, Afolayan AJ (2010). Uma revisão dos produtos naturais com atividade hepatoprotectora. J. Med. Plant. Res., 4: 1318-1334.

20.. Kayser O, Kolodziej H, Kiderlen AF (2001). Princípios imunomoduladores de Pelargonium sidoides. Phytother. Res., 15: 122-126.

21. Kolodziej H, Kiderlen AF (2007). Avaliação in vitro das actividades antibacterianas e imuno-moduladoras de Pelargonium reniforme, *Pelargonium sidoides* e da preparação de medicamentos à base de plantas EPs® 7630. Phytomedicine, 14: 18-26.

22. Kolodziej H, Kayser O, Radtke OA (2003). Perfil farmacológico de extractos de *Pelargonium sidoides* e seus constituintes. Phytomedicine, 10: 1824.

23. Kris EPM, Hecker VK, Bonanome A, Coval SM, Binkoski AE, Hilpert KF (2002). Compostos bioactivos nos alimentos: O seu papel na prevenção das doenças cardiovasculares e do cancro. Am. J. Med., 113: 71-88.

24. Koch E, Lanzendorfer G, Wohn C (2002). Estimulação da síntese de

interferão (IFN)- β e da atividade das células natural killer (NK) por um extrato aquoso-etanólico de raízes de *Pelargonium sidoides* (Umckaloabo). Naunyn-Schmiederberg's Arch. Pharmacol., 365: 75.

25. Lalli JYY (2006). Propriedades farmacológicas in vitro e composição de óleos essenciais de folhas e extractos de espécies indígenas selecionadas de Pelargonium (Geraniaceae). Tese de Mestrado em Farmácia, Universidade de Witwatersrand, Joanesburgo, África do Sul Latte Kp e Kolodziej H Pelargoniins, new ellagitannins from *Pelargonium reniforme.* Phytochemistry, 54: 701-710.

26. Lalli JYY, Van ZRL, Van VSF, Viljoen AM (2008). Actividades biológicas in vitro de espécies de pelaronium (Geraniaceae) da África do Sul. South Afr. J. Bot., 74: 153-157.

27. Leela Nk, Khan RM, Reddy PP, Nidiry ESJ (1992). Atividade nematicida do óleo essencial de pelargonium graveolens contra o nemátodo de nó Meloidogyne incognita. Nematologia Mediterranes, 20: 57-58.

28. Leung AY (1980). Óleo de gerânio em produtos alimentares. In: Encyclopedia of common natural ingredients used in foods, drugs and cosmetics, Khan, I.A. (Eds.). John wiley sons, Nova Iorque, p. 182.

29. Lis BM, Dean RL (1996). Efeitos antimicrobianos de extractos hidrofílicos de espécies de Pelargonium (Geraniaceae). Appl. Microbiol, 23: 205-207.

30. Lis BM (1996). A Chemotaxonomic reappraisal of the Section Ciconium Pelargonium (Geraniaceae). S. Afr. J. Bot., 62: 277-279.

31. Lis BM, Buchbauer G, Ribisch K, Enger MT (1998). Efeitos

antibacterianos comparativos de novos óleos essenciais de Pelargonium e extractos de solventes. Lett. Appl. Microb., 27: 135-141.

32. Matthys H, Kamin W, Funk P, Heger M (2007). Preparação de Pelargonium sidoides (EPs 7630) no tratamento da bronquite aguda em adultos e crianças. Phytomedicine, 14: 69-73.

33. Mativanlela SP, Meyer JJ, Hussein AA, Lall N (2007). Atividade antituberculosa de compostos isolados de Pelargonium sidoides. Pharm. Biol., 45: 645-650.

34. Mativandlela SPN, Lall N, Meyer JJM (2006). Atividade antibacteriana, antifúngica e antituberculosa dos extractos de raiz de *Pelargonium reniforme* (CURT) e Pelargonium sidoides (DC) (Geraniaceae). South Afr. J. Bot., 72: 232- 237.

35. DM (2002). A taxonomia das *espécies* e cultivares de *Pelargonium*, a sua origem e crescimento na natureza. Gerânio e Pelargonium. The genera geranium and pelargonium In maria Lis Balchin (ed).medicinal and aromatic plants- industrial profile .published by taylor and francis, London: 49-79 Neetu JKK, Aggarwal KV, Syamasundar SKS, Sushil K (2001).

36. Composição do óleo essencial de gerânio (Pelargonium sp) das planícies do Norte da Índia. Flavour Fragr. J. 16: 44-46.

37. Peterson A, Goto M, Machmuah SB, Roy BC, Sasaki M, Hirose T (2005). Extração de óleo essencial de gerânio *(Pelargonium graveolens)* com dióxido de carbono supercrítico. J. Chem. Technol. Biotechnol., 81: 167-172.

38. Ranade GS (1988). Química do óleo de gerânio. Ind. Perfumer, 32:

61-68.

39. Robert AS, Philip JM (2003).Análise exaustiva por cromatografia gasosa bidimensional e espetrometria de massa do óleo essencial de *Pelargonium graveolens* utilizando a espetrometria de massa de varrimento rápido com quadrupolo. J. Analyst, 128: 879-883.

40. Sayed A Fayed (2009). Actividades Antioxidantes e Anticancerígenas de

Citrusreticulate *(Petitgrain Mandarin)* e Pelargonium graveolens (Gerânio) Óleos essenciais. Res. J. of Agric. Biol. Sci., 5: 740-747.

41. Schwiertz C, Duttke J, Hild H, Müller J (2006). Atividade in vitro de óleos essenciais sobre microrganismos isolados de infecções vaginais. Int. J. Aromat., 16: 169-174.

42. Serkedjieva J (1997). Atividade anti-infecciosa de uma preparação vegetal de Geranium sanguineum L. Pharm ., 52: 799-802.

43. Seidel V, Taylor PW (2004). Atividade in vitro de extractos e constituintes de Pelargonium contra micobactérias de crescimento rápido. Int. J. Antimicrob. Agents, 23: 613-619.

44. Shoff M, Grummer M, Yatvin MB, Elson CE (1991). Aumento dependente da concentração do tempo de duplicação da população murina P388 e B16 pelo monoterpeno acíclico geraniol. Cancer Res., 51: 37-42.

45. Scholz E (1994). Pflanzliche Gerbstoffe-Pharmakologie und Toxikologie. Dtsch. Apoth. Ztg. 34: 3167-3179.

46. Standen DMD, Connellan PA, Leach DN (2006). Atividade das

células assassinas naturais e ativação de linfócitos, investigando os efeitos de uma seleção de óleos essenciais e componentes in vitro. Int. J. Aromather, 16: 133-139.

47. Stjepan P, Zdenka K, Marijana Z (2005). Atividade antimicrobiana dos flavonóides de *Pelargonium radula* (Cav.) L'Hérit Ata Pharm., 55: 409-415.

48. Tembe RP, Deodhar MA (2010). Impressão digital química e molecular de diferentes cultivares de *Pelargonium graveolens* (L' Herit.) viz., Reunion, Bourbon e Egyptian. Biotecnologia, 9: 485-491.

49. Timmer A, Gunther J, Rucker G, Motschall E, Antes G, Kern WV (2008). Extrato de Pelargonium sidoides para infecções respiratórias agudas (Revisão). Base de dados Cochrane Syst Rev. 3:CD006323

50. Varma J, Dubey NK (1999). Perspective of botanical and microbial products as pesticides of tomorrow (Perspetiva dos produtos botânicos e microbianos como pesticidas do futuro). Curr. Sci. (India), 76: 172-179.

51. Varma J, Dubey NK (2001). Eficácia dos óleos essenciais de Caesulia axillaris e Mentha arvensis contra algumas pragas de armazenamento que causam a biodeterioração de produtos alimentares. Int. J. Food Microbiol, 68: 207-210 .

52. Verma RS, Verma RK, Yadav AK, Amit C (2010). Alteração da composição do óleo essencial do gerânio perfumado com rosa (p.graveolens L heri.exAi.) devido à data de transplantação em condições de montanha de Utterakhand. Indian J. Nat. Prod. Res., 1: 367-370.

53. Van DWJJA (1977). Pelargoniums of Southern Africa, Purnell &Sons, Cidade do Cabo ISBN: 0702112208. Vol. 1. Van DWJJA (1985).

Uma revisão taxonómica da secção tipo de Pelargonium L'Hérit. (Geraniaceae). Bothalia, 15: 345385.

54. Van DJJA, Vorster PJ (1988). Pelargoniums of Southern Africa, vol. 3. Juta, Kirstenbosch National Botanic Gardens, Cidade do Cabo. ISBN: 062011074.

55. Mohsen Hamidpour, Rafie Hamidpour, Soheila Hamidpour e Mina Shahlari. 2014 Química, Farmacologia e Propriedades Medicinais da Sálvia *(Salvia)* para Prevenir e Curar Doenças como a Obesidade, Diabetes, Depressão, Demência, Lúpus, Autismo, Doenças Cardíacas e Cancro. J Tradit Complement Med. 4(2): 82-88.

56. 1. Nikavar B, Abolhasani L, Izadpanah H. Actividades inibidoras da alfa-amilase de seis espécies de sálvia. Iran J Pharm Res. 2008;7:297-303.

57. Itani WS, El-Banna SH, Hassan SB, Larsson RL, Bazarbachi A, Gali-Mutasib HU. Componentes anti-cancro do cólon do óleo essencial de salva libanesa (Salvia Libanotica). Cancer Biol Ther. 2008;7:1765-73.

58. Ayatollahi A, Shojaii A, Kobarfard F, Mohammadzadeh M, Choudhary M. Duas flavonas da Salvia leriaefolia. Iran J Pharm Res. 2009;8:179-84.

59. Smidling D, Mitic-Culafic D, Vukovic-Gacic B, Simic D, Knezevic-Vukcevic J. Avaliação da atividade antiviral de extractos fraccionados de Sage *Salvia officinalis* L (Lamiaceae) Arch Biol Sci Belgrade. 2008;60:421-9.

60. Rami K, Li Z. Atividade antimicrobiana do óleo essencial de *Salvia officinalis* L. recolhido na Síria. Afr J Biotech.2011;10:8397-402.

61. Pedro DF, Ramos AA, Lima CF, Baltazar F, Pereira-Wilson C. Modulação da prevenção de danos no DNA e vias de sinalização na prevenção do cancro do cólon induzido por dieta. BMC Proc. 2010;4(Suppl 2):P58.

62. Kumar A, D'Souza SS, Tickoo S, Salimath BP, Singh HB. As actividades antiangiogénicas e proapoptóticas do isotiocianato de alilo inibem o crescimento do tumor de ascite in vivo. Integr Cancer Ther . 2009;8(1):75-87.

63. Yusuf MA, Sarin NB. Antioxidant value addition in human diets: genetic transformation of Brassica juncea with gamma-TMT gene for increased alphatocopherol content. Transgenic Res . 2007;16(1):109-113.

64. Sujatha R, Srinivas L. Modulation of lipid peroxidation by dietary components (Modulação da peroxidação lipídica por componentes da dieta). Toxicol In Vitro . 1995;9(3):231-236.

65. Risé P, Marangoni F, Martiello A, et al. Perfis de ácidos gordos dos lípidos sanguíneos num grupo populacional do Tibete: correlações com a dieta e as condições ambientais. Asia Pac J Clin Nutr . 2008;17(1):80-85.

66. Walker SM, Fitzgerald M. Characterization of spinal alpha-adrenergic modulation of nociceptive transmission and hyperalgesia throughout postnatal development in rats. Br J Pharmacol . 2007;151(8):1334-1342.

67. Caterina MJ. Biologia química: especiarias pegajosas. Nature . 2007;445(7127):491- 492.

68. Gerhold KA, Bautista DM. Molecular and cellular mechanisms of trigeminal chemosensation. Ann N Y Acad Sci . 2009;1170:184-189.

Printed by Books on Demand GmbH, Norderstedt / Germany